U0610942

吃茶知味

修订版

白子一

著

九州出版社
JIUZHOUPRESS

图书在版编目（CIP）数据

吃茶知味 / 白子一著. -- 修订版. -- 北京 : 九州
出版社，2025. 4. -- ISBN 978-7-5225-3673-6

Ⅰ. I267

中国国家版本馆CIP数据核字第20252WW119号

吃茶知味（修订版）

作　　者	白子一　著
选题策划	于善伟　毛俊宁
责任编辑	毛俊宁
封面设计	吕彦秋
出版发行	九州出版社
地　　址	北京市西城区阜外大街甲35号（100037）
发行电话	（010）68992190/3/5/6
网　　址	www.jiuzhoupress.com
印　　刷	鑫艺佳利（天津）印刷有限公司
开　　本	880毫米×1230毫米　32开
印　　张	9.125
字　　数	180千字
版　　次	2025年5月第1版
印　　次	2025年5月第1次印刷
书　　号	ISBN 978-7-5225-3673-6
定　　价	78.00元

★ 版权所有　侵权必究 ★

再版序

    品茶知味有两重境——"品茶是茶"和"品茶不是茶"。

    "品茶是茶"阶段，我们知的是茶的表象风味，是茶与口腔和身体的交流与共鸣，具体表现为茶的香气、滋味、汤感、回味和体感。

    茶的香气是茶俘获很多茶人的第一因素，绿茶中有万物初萌的嫩香和山川清气；以香气著称的乌龙茶中有蜜桃、杏仁、茉莉、柚花、肉桂、桂花等丰富的香气；传统的正山小种中松烟香、桂圆汤、蜜枣味，云南的红茶里常有香橙和花蜜的明媚；新的普洱生茶的花果蜜香中带着原始森林的生命张力，那些陈放了几十年的老生普中有深沉的木质香，还有药草独有的东方味道……

    茶的滋味绕不开酸、甜、苦、咸、鲜，这五个因子自然而然的随机组合奇妙的幻化出了茶中的万千滋味：绿茶由"鲜"统领，但山山风味不同；红茶"甜"字当头，正山小种、金骏眉、滇红、祁红等各有风骚；乌龙茶、普洱茶的浓厚里甜、苦交缠，花香、果香和其他滋味不经意的在口腔里绽开，大大增加了茶汤的丰富度和层次感；白茶的生命旅程从鲜爽开始，逐步甜醇浓厚的过程是白茶在岁月里的转化和累积。

茶的汤感是茶汤经过口腔时的感受，是滑的、柔的、细腻的；也可以是稠的、厚的，如牛奶般有口腔覆膜感和如嚼之有物的……

茶的回味是茶汤落喉后继续停留在口腔、喉部的香气以及持续生津、回甘的感受。它是茶汤的"隐藏款"美好，如余音绕梁、相思延绵，好茶的回味留存度高且富有变化。

体感是茶汤流入身体后的身体感受："发轻汗""搜枯肠""破孤闷""肌骨轻""通仙灵""两腋习习清风声"等都是茶美好体感的具体表现。

"品茶不是茶"是品茶的第二重境，这是品茶的深层乐趣——透过一杯茶探究形成茶表象风味的底层密码以及这片树叶背后的天地世界。这是我着迷于茶的原因，也是这本书想要分享给你的品茶视角。

从探究茶的现代科学视角上，茶的风味是由茶多酚、生物碱（主要为咖啡碱、茶碱）、氨基酸、糖类物质、芳香类物质、矿物质和微量元素等内含物质构成。茶多酚是茶的主要构成物质，它掌管着茶汤的浓厚和骨架，表现为苦和涩，其化合物会影响茶的香气等其他风味的表现；生物碱会有苦的呈味，它会影响茶汤的浓度和爽感。此外，氨基酸直接关乎茶的鲜甜度，糖类物质影响茶的甜度和汤感，芳香类物质可以直接和化合成茶的香气……

最有意思的部分是历史、天时、雨水、气温、土壤、海拔、小气候等因素会通过影响茶叶内含物质的比例和构成，直接表现为茶的最终风味。饮一杯茶时，这些因素都可以通过风味进行反推，茶如同凝固了时光的芯片，只要你懂得解码，就打开了这个被茶封存的来自杭州西湖，苏州洞庭湖，福建武夷山，云南易武，福鼎磻溪……等远方山水的折叠时空。

这本书是《寻茶问道》的补充，我把茶区种植、制茶历史、树种、叶种、品种、海拔、季节、土壤等如何影响茶的最终呈味，尽可能用简单和轻松的方式融进篇章里，希望大家读起来毫不费力又有知有趣。

逢《吃茶知味》又一次再版，愿大家透过一杯茶可以在冬日里打开武夷山有野百合盛开的五月，也可以在阴雨中看到云南秋日里明媚的光线；愿这杯茶里你可以看到阿里山的高山云雾，也可以置身长满青苔的古茶树群落……愿这杯茶抚慰你的快节奏，为你筑起心灵的桃花源。

白子一 2024 年 7 月 于心安处

蜓头，岩茶根根如条索，普洱茶经常压成饼、砖、窝头或者宝焰沱一样……茶之形是我们品茶、识茶的第一步，在茶的鉴别和审评的时候，外形状况及匀、净、整、碎、色泽、紧结程度等都能给我们很多重要信息。

香　茶中令人愉悦而千变万化的香气让很多人为之倾倒。它是绿茶青嫩里带着的幽兰鲜香，是滇红温暖甜香里明媚的柑橘气息，是武夷肉桂里辛锐迷人的水蜜桃香，是凤凰单丛里的蜜兰香、芝兰香、柚花香、桂花香、鸭屎香，更是易武茶区古树普洱茶里如花似蜜的木质香……我们品茶之香，会热嗅其干茶香、汤香、杯底香，也会冷嗅干茶、杯底香的变化，用心体味香气入汤的程度，观察香气在口腔中的留存度。好的茶，香气纯正无杂，汤香、杯香持久、茶香入汤且口腔留存持久。所谓"香气入汤"是指茶不仅闻着香，茶汤里都是满满的香气。

色　茶之色包括干茶颜色和茶汤颜色。干茶颜色：台湾高山乌龙砂绿，祁红工夫乌润有宝光，金骏眉黑灰黄三色相间，白毫银针满披银毫；茶汤颜色黄绿、金黄、橙黄、橙红、红艳……好的茶汤颜色是明亮的、愉悦的，令人赏心悦目的，质感油润者往往是茶中上品。

汤感　茶汤在口腔中的感受。关于汤感，苏轼在《和钱安道寄惠建茶》中用了"骨清肉腻"一词，乾隆皇帝在《冬夜烹茶诗》中说"气味清和兼骨鲠"。日常里我们常用来描述茶汤汤感的词

成为品茶高手
的"武功秘籍"

　　写大众出版物，总是怕写得太枯燥，让大家读出教科书式的晦涩。这篇文字是落笔最晚的，因为一直在思考如何措辞才能更加通俗易懂。这次尝试把习茶和从教多年积累的"秘籍"分享出来，感谢大家一路的厚爱。

　　平日里喝茶，大家习惯性用的是鼻子和口腔，谈论最多的是茶的香气和滋味，香气和滋味是茶之美好的两大重要组成部分，但是茶之美可不止这些。我们该从哪些角度入手去品饮一款茶呢？

　　形　茶的外形是我们对于茶的第一感知，也是茶之美的首要体现，一如你我彼此初见的第一印象。你看竹叶青芽头挺拔秀丽像小家碧玉，西湖龙井光滑扁平剑片状里带着几分英气，碧螺春弯曲呈螺形带着江南烟雨的羞赧；你再看铁观音壮实沉重有着青蛙腿和蜻里已经涉及的茶类和知识，此书中不再赘述，本书里言之不尽的，留给我们微信或者线下进一步交流。

　　感谢茶路上，给过我帮助的所有人，也一定将这份爱，在茶里、茶外继续传递下去。

白子一于深圳

自　序

　　茶路是一个不断求索的过程，幸而这一路有良师益友同行。当老师的第一天我就一直在思考一个问题：作为 80 后的新生代茶人，能做些什么。当年的培训市场，没有人教茶源头和本质的东西，为了寻根溯源，我这些年踏遍了国内外的大部分茶区以及终端市场，遍访茶农、茶人，也因此成就了第一本茶书——《寻茶问道》。

　　作为一个茶文化的传播者，我深深地知道大众传播的本质是把晦涩的、难懂的知识变得有趣、易懂，从而让更多的人去认知茶、走进茶。所以从《寻茶问道》，再到这本书，尽可能从轻松的、易懂的角度给大家阐述一些茶事，也希望更多的人，因此感兴趣、喜欢进而爱上茶。

　　写这本书的时候，我本希望多讲一些知识，同时又怕专业度太高，把想入茶门的你吓跑，所以折中成现在的样子，《寻茶问道》

还有稠厚、饱满、柔、顺、滑、细腻等等，很多茶人也会用"水路细"或者"水路粗"来描述汤感。对于茶来说滋味易得、汤感难求，汤感好的茶，内含物质丰富而平衡，这需要有天时、地利，更离不开精良的制作和后期储存。

滋味　茶中的滋味主要有：酸、甜、苦、鲜，"涩"从严谨意义上属于口腔的感受，不属于滋味之列，但是习惯上，大家还是把苦和涩放在一起讲。我们经常讲"不苦不涩不是茶"，或者说"苦涩是茶的本味"，苦和涩在一定的阈值内，与其他的滋味综合，能增加味道的强度和层次。但是只有苦和涩，或者苦涩不化的茶就一定在原料、制作工艺等环节上有各种问题。

生津回甘　指生津回甘的有无、快慢、持续及其他的表现。每款茶的生津回甘表现都不一样，比如生普里老班章古树茶的生津来得猛烈，而薄荷塘古树茶的生津回甘细密而悠长，很多极品茶饮罢喉咙都会有甜凉。

口腔的留存度　指茶饮完以后滋味、甘韵、香气等在口腔旦的表现和留存。早在元代，虞伯生就用"三咽不忍漱"来描述龙井茶的口腔留存度；宋代李虚己在《建茶呈使君学士》中说建茶"清味通宵在，余香隔座闻"；南宋袁枢在《武夷精舍十咏·茶灶》中说"清风已生腋，芳味犹在舌"；白玉蟾在《茶歌》中说"绿云入口生香风，满口兰芷香无穷"……一般说来，茶饮完以后口腔留存度越好，茶越好。

耐泡度　一般说来，在茶品类别、克数、冲泡手法等条件等同的前提下，茶品香气、滋味等各项指标衰减得越慢，则茶的耐泡度越好，品质也相应更好。

体感　关于描述喝茶身体感受的文字，千百年来排在第一位的是卢仝的《七碗茶歌》，在诗里卢仝这样描述了自己喝茶时的身体感受："一碗喉吻润；二碗破孤闷；三碗搜枯肠，唯有文字五千卷；四碗发轻汗，平生不平事，尽向毛孔散；五碗肌骨清；六碗通仙灵；七碗吃不得也，唯觉两腋习习清风生……"好的茶，不仅仅能给大家带来口腔的满足，还能带来身体的愉悦和心灵的慰藉。

总结至此，唯愿，君下次与茶同坐，试着从以上角度，打开眼耳鼻舌身意，享受一杯茶带来的美好。

目　录　CONTENTS

普
洱
茶

乌龙茶

白茶

绿

茶

红

茶

黑

茶

黄
茶

再
加
工
茶

本
源

普洱茶

普洱茶因其树种、叶种的特殊性以及野放的生长环境的不同，同样的克数、同样的冲泡手法，味道都会比其他茶类足。

茶之野
——普洱茶

你若碰到了普洱生茶的散茶，你看它干茶条索粗粗大大、直直愣愣的，张牙舞爪中带着几分桀骜不驯。你想把它放进盖碗，它保证不听你的话，伸手伸脚地赖在盖碗外面让你根本盖不上盖。如果换成紫砂壶，那就更甚，直接一副拒绝的姿态，让你拿它没有办法。

如果碰到的是普洱熟茶的散茶，你会搞不懂，它长成这样是怎么流行起来的。没有绿茶漂亮，没有白毫银针俊秀，没有红茶显毫，也没有岩茶讲究，要长相没长相，要故事没故事，要背景没背景，一副灰头土脸、爱谁谁的做派。

你若碰上了普洱团饼茶或者砖茶，就会发现它真的不是我们传统审美里的茶，一张破旧的棉纸包着，实在跟包装精美扯不上半点关系。打开棉纸，左看右看，根本搞不懂这硬邦邦的一坨，该从哪里"下口"。你不禁要问哪里来的妖孽，长成这样也敢来中原的茶

易武、古六山的很多茶树都长在原始森林深处

普洱茶产区的大古树都需要上树采摘

叶武林混。

茶里，要论外形之野，普洱茶说第一，没有茶敢说第二，这粗糙、不修边幅的"野孩子"，是怎样让注重颜值，吃个饭也要讲究卖相的中国人接纳、欣赏并热爱的呢？其根本还在一个"野"字。

茶树生长环境之野　易武以及古六山范围内，古茶树自由地散生在国有林和自然保护区里。这是中国大陆唯一的一片高海拔雨林茶区，密林参天，植被丰茂，藤蔓遍布，进出无路。那些可爱的古茶树就生于这蛮荒之地，与百花百草为邻，与野生动物为伴，顺物竞天择的自然规律，应四时荣枯自然之法。在这里内陆茶区的除草、除虫、管理、施肥都是画蛇添足，茶叶上偶有的虫洞、虫眼是搏斗自然的英雄伤疤。陆羽《茶经》里说茶"野者上，园者次"，就指的如是这般天生天养的野，好喝，还健康。

茶树生长状态之野　若你看到这些恣意生长的茶树，你会被这倔强的灵魂感动。它们不是内陆茶区被人修剪过的齐整整、低矮矮的茶树，而是一排排努力地向上生长，长到三米、五米、十多米、二十多米高……茶叶高高地挑在每个枝头顶端，不肯低头也不肯被驯服。若是想采撷这些茶叶，得有点真功夫，爬坡、上树、攀枝、钩条、采摘……当然要感谢这里世世代代种茶、制茶的少数民族，他们敬畏自然，不过多干预茶树，尊重自然之道。

普洱茶制作工艺之野　这是国内唯一一块大面积保留了全手工制茶的茶区，这里没有标准的工业化制作流程，保留了流传千年的制茶"野路子"。鲜叶采摘回来略摊晾，杀青、揉捻后太阳自然晒干就成了散生茶。杀青用的锅是国内口径最大的，有些一次可以放下五公斤的鲜叶；杀青用的火，是用山上砍的柴烧的；杀青时一个人看火一个人炒茶，或夫妻、或父子、或母女……揉捻不需要特殊理条，揉到茶汁渗出，微微粘手就可以，这环节一般是老少齐上阵，从刚懂事就帮家里干活的孩童到头发花白的老奶奶……

普洱茶味之野　普洱茶不走大众审美的取悦路线，绝对不是一喝就能喜欢的品种。刚刚做好的新普洱生茶，不像乌龙茶那么香，

普洱茶柴火灶全手工杀青

普洱茶的全手工揉捻

普洱茶的采摘

普洱沱茶和砖茶

普洱熟茶饼

不似红茶那么甜醇，不及白茶那么清新，因为低温杀青，所以喝起来略生青；刚出堆的普洱熟茶，旧时工艺有浓浓的渥堆味，泡重了就出现酱油汤……

那么普洱茶迷人的地方是什么？又是什么让这个非主流审美的茶，拥趸千万呢？

一、味足：因为普洱茶特殊的树种、叶种以及野放的生长环境，同样的克数、同样的冲泡手法，味道都会比其他茶类足，在清代就有"普洱名遍天下，味最酽，京师尤重之"的记载；

二、耐泡：同样的克数，乌龙茶是七泡有余香，但是普洱茶可以泡到十几二十泡；

三、汤厚：古树茶满满的内含物和果胶质，让古树普洱茶汤稠厚冠茶界，啜上一小口，饱满压舌赛过顶级红酒；

四、生津回甘迅猛：若找一个词来形容普洱茶的这一特征，"口舌生津"太弱，"舌底鸣泉"不足，具体还需您自己体味；

五、韵长：普洱茶的回味悠长度堪称艳压群芳，什么"三咽不忍漱"、"水生香"、"似余音绕梁三日不绝"，都不足以形容一款好普洱茶之后惊艳的回味；

六、能长久存储，历久弥新。因为普洱茶的特殊工艺，叶片中的活性酶大量留存，所以普洱茶被称作是活着的生命，在岁月里不断变化，不断成长。隔一段时间翻出来喝，颇有旧友重逢，士别三日刮目相看的乐趣；

七、能喝到一山一味山头气息。云南茶山众多，从南到北茶区跨度大，气候、植被、海拔状况各异，再加上茶树有性繁殖以及小微环境的不同，造就了普洱茶一山一味的特点，如老班章的霸气，老曼峨的苦，薄荷塘的细腻，冰岛的甜……

深圳茶博会，"野"普洱茶的展商面积占到了半壁江山。陪头发花白的师父逛展，师父不住地赞叹："这是个好时代啊，咱们国人的整体审美和品鉴力在提升啊，这要在以前，像普洱茶这种不靠颜值、靠内质的茶，是没有出头之日的……"

普洱熟茶

————

　　已近白露，深圳的秋来得不是那么明显，除了不再闷热，开始不惧怕出门，别的一如往常。自小在北方长大的老弟，第一次离开家门读书，就飞到了祖国的最南端，来到粤语和米饭的世界，难改的不仅是乡音还有饮食习惯。

　　带老弟去吃北方菜，羊肉串、馍和饼被他一扫而光，抬头擦擦嘴说："姐，吃太多了，我一会得喝一泡普洱熟茶，我得学学贾宝玉，吃多了面食怕积食，闷一泡普洱茶来喝喝……"

　　普洱熟茶是北方家里的必备之茶：消食解腻，化积暖胃。

　　搬来深圳三个月有余，想来北京的此刻已经早晚微凉了。素华姐发来微信问"有没有适合做口粮的老熟茶，最近天凉了，脾胃不太好"，跟素华姐见面不多，我俩都不是擅长热络的人，有时候只需一眼，就知道是不是对的人。

　　三十岁之前是没有这么依赖普洱熟茶的，那时候火力壮，空腹

普洱熟茶茶汤

喝自制冰绿茶是常有的事儿。沉溺在各山头的新生普中无法自拔，生普好啊——热烈直接，个性鲜明：易武的谦谦君子，老班章的霸气浓厚，冰岛不染尘埃的甜，昔归的明媚王子风……三十岁以后，很多事情都变了，现在回过头来看，每个阶段喜欢的东西里都有一个自己……

三十岁以后身体有了很多变化，对于冷和凉这两件事物的感知尤为明显，到了知冷暖的年纪，身体自然地选择了温暖的普洱熟茶。回头看看二十多岁时对于熟普的偏见，不觉汗颜。那时候觉得熟普太没性格，就是个老好人，永远那么温温吞吞的，现在才发现，没有什么比岁月的温柔更可贵。忽然想起多年前"茶与健康"那节课上，与永远乐呵呵的韩大姐讨论不同人对茶的喜好，其实会反映自己当下的身体需要：大姐四十，喜欢熟普；她老爷子接近七十岁，喜欢喝岩茶。

熟普是现代工艺的普洱茶，之所以较传统工艺普洱茶（生普）更温和，在于经历了渥堆发酵。关于渥堆工艺的诞生有诸多的线索以及因缘和合。早期香港的茶楼因为早茶的特殊经营模式，需要寻找性价比高的茶，于是味足耐泡的普洱茶就成了首选，上世纪50年代开始，香港大量从云南购入。由于香港寸土寸金的客观情况，当时有很多茶仓设在地下，有一次某家茶仓不小心进了水，茶仓老板检验茶品状况时试了一下被水浸湿过的茶饼，发现被水浸湿过的茶，茶汤红浓、口感温和、别有风味，于是开始探究怎样人为复原

普洱熟茶茶饼

这个制作工艺。

计划经济时代，云南的茶叶是由省公司统购统销的。茶叶集中存在场院里，怕下雨用雨布覆盖，结果其中一角因为雨布漏雨，茶饼被打湿。工作人员取来试了一下，竟然比转化了十年的生普还要浓厚温润，于是也想着研究工艺创新。

此时从广东传来消息，渥堆发酵技术在广东小规模实验成功，于是昆明茶厂的吴启英厂长带着两位技术员来到广东学习。1973年渥堆发酵工艺正式成熟，大规模的量化生产由此开启。

普洱熟茶和生茶的区别就在于毛茶制作完成后，生茶挑拣完黄片压成型（饼、砖、沱）就可以出厂了；毛茶经历较长周期的渥堆发酵后才能变成熟散茶，熟散茶经过筛分、精制、压型才是大家见到的样子。简而言之，熟茶的制作技艺比生茶要复杂，发酵的过程不成功便成仁，这个过程中有任何的闪失都会前功尽弃：发酵轻一度就会微酸、发酵太过就会碳化……发酵场所控制不好就会有异杂味，温度过低、过高，茶量过大、过小都会影响最终的品质……所以这温温吞吞的熟普需要恰到好处，不偏颇才能有刚刚好的香、刚刚好的汤、刚刚好的温暖……

　　每次讲到普洱熟茶的制作技艺，很多同学都会问，同样的原料，普洱熟茶应该比普洱生茶更贵才对，为什么很长时间里，在大家的印象中普洱熟茶的价格都比生茶低。原因是：多这道工序对于茶来说是多了长周期的风险，所以特别名贵的头春古树毛料，大家不敢拿去冒风险，同时也怕做成了熟茶抹杀了名山头茶的个性和特点。

　　真正喝到同原料的名山头古树生茶和熟茶是在"茶疯子"廖天文那里，他用薄荷塘二春的纯料古树发酵了一小堆熟茶。石一龙老师不做任何修饰地"骂"他，"你是不是疯了，脑袋进水了？把薄荷塘纯料古树发酵成了熟茶"，石一龙老师是心疼廖天文，毕竟薄荷塘的古树生茶就足够好卖，做成熟茶怕没有人买账。我问廖天文师兄为什么要这么做，廖师兄摇了摇头，"其实这些原料是同行定的，原料收好以后，他跳单了。"——廖天文在易武专业做毛料出

紫泥壶能更好地冲泡出熟茶的质感

老茶头——近些年比较红火的熟普品种：熟普在发酵过程中幼嫩的毛料果胶质析出、粘住周围条索，熟毛茶精制时，因其结块，所以单独分筛出来。

身，很多业内同行都会找他预订原料——"刚好那几年在酝酿做好的古树熟普，索性就拿去做了，最差的结果就是没人买账，那就留着这些好茶自己喝。"

与业内资深茶人共品薄荷塘古树熟普，茶汤甜润、细腻与布朗地区熟普的味重浓厚形成鲜明对比，虽是新茶但没有任何渥堆的气息，"既然用了顶级原料，就请了最好的发酵师傅，共同研究发酵工艺"——呆憨憨的廖天文，一笑起来眼睛眯成了一条缝。"山头茶的很多特质即使做成了熟茶还是磨灭不了的"，资深茶人侯老师说，"薄荷塘古树茶独有的润度和甜度虽然发酵成了熟茶，特征仍然明显，这回味的凉意，也跟生茶如出一辙，老廖你这个茶取名为'润'，出彩啊。"

窗外又下起了淅沥沥的雨，深圳的天闷热与骤雨同行，空调屋里待了一天，肠胃颇不适应，一泡"润"下肚，从内到外的舒服、熨帖，熟普不显眼、不霸气、不高颜、不"鲜肉"，但是可以陪我们过日子。

易武茶区

———

行车从景洪去易武，路边的原始森林里渐次出现典型的雨林景观，众多的藤蔓攀缘在大树上，又从树的顶端高高垂挂下来，中国大陆唯一一个热带植物园就在前方。适逢春茶季，这条祖国边陲通往一个镇子的路上，一派车水马龙的景象，正如清雍正年间《滇海虞衡志》记载的："入山作茶者数十万人，茶客收卖运于各处。"

易武镇属于祖国西南边陲小县——西双版纳州勐腊县，与老挝接壤，是中国普洱茶贡茶之乡。普洱茶成为贡茶的历史是从清雍正年间开始的，雍正皇帝派心腹大臣鄂尔泰出任云南总督之后，推行"改土归流"的统治政策，后设置普洱府，同时"岁进上用芽茶制"；清乾隆九年（1744 年）普洱茶被宫廷正式列入《贡茶案册》，规定贡茶品种为"芽叶、团茶"，普洱府每年拨出采办贡茶的专款"例银"……那时候"普洱茶名遍天下，味最酽，京师尤重之"。

最初贡茶产自攸乐、革登、倚邦、莽枝、蛮专、曼撒（道光年间《普洱府志》改曼撒为易武），后逐渐以易武茶山为主。贡茶由最初的"设总店于思茅（旧时思茅厅下辖古六大茶山），以通判司其事，六大山产茶、向系商民在彼地坐放收发，各贩于普洱，上纳税转厅"，也逐渐转移为茶商设庄，官府监制为主。

在明代中期汉人没有进入易武之前，世代居住在这里的少数民族已经在这里开垦了大量的古茶园。《普洱府志·古迹》记载，"旧时武侯遍历六山，留铜锣于攸乐，置锛于莽芝，埋铁砖于蛮砖，遗木梆于倚邦，埋马镫于革镫，芝撒袋于慢撒，因以名其山"。清道光年间编纂的《普洱府志》中记载，蜀汉建兴三年（225 年），武侯孔明"平定南中，倡兴茶事"。至今古六大茶山的茶农每年都会在孔明山举行盛大的祭茶祖大典。

明代末年大量的江西和石屏人开始进入易武。清雍正年间，实行"茶引"（类似现在的授权经营）制购茶，推动了当地茶业的发展；乾隆年间，普洱府对于普洱的垄断进一步放宽，上万汉人涌入易武做茶，形成了"山山有茶园，处处有人家"的盛况，年产茶最高达七万担。

清道光二十五年（1845 年）至民国二十六年（1937 年）是易武茶最兴旺的时期。茶叶不仅通过普洱府转运至内地，还销往西藏，同时还南下销往泰国、越南、老挝，甚至通过老挝转运至南洋。

1851 年易武经思茅到普洱府地的主要茶马驿道重新铺就，这条宽一米五到两米的青石板路促进了易武茶业的发展和繁荣，巩固了

公家大院

易武老字号旧址

易武仅次于普洱的茶叶集散和贸易中心的地位。易武周边倚邦、蛮砖等茶山的茶叶纷纷涌入易武镇，也吸引大量的人口进入易武参与到茶叶的种植、制作、生产和运输中。至光绪年间易武茶区常住人口约十万，有村寨六十三个，其中五十六个以种茶为主，同时茶庄、商号、店铺林立，成为古六大茶山的政治、文化、经济和交通中心。

1919 年，思茅、普洱城里鼠疫、疟疾渐发，茶商渐渐转入易武，易武成为当时普洱茶第一贸易和集散地，商号增加到三十八家，年加工茶叶大约六千九百担。这些商号里有赫赫有名并且大家耳熟能详的"同庆号""同兴号""同昌号""安乐号""宋聘号"……

民国后期至 1949 年前，由于战乱，大量的人员迁徙离开，部分茶园被荒废或损毁或改种粮食。1949 年之后，由于交通发生了巨大改变，勐海、下关茶崛起，易武由于地处偏远以及交通不便，逐渐没落。

易武茶的复兴是从 20 世纪 90 年代开始的。那时我们国家的经济体制已经从计划经济走向了市场经济，中国台湾地区与中国大陆的经济、文化交流以及人员往来也越来越方便和密切。台湾地区的很多茶人发现那些罕世老茶——特别是清末民国时期号级茶的内飞和内票上都有"易武春尖"的产地描述，于是辗转到云南，寻到当时很多当地人都遗忘了的边陲小镇，触摸和探寻易武的普洱茶。

彼时的易武镇上，经历过天灾人祸，很多商号和旧时的繁荣已经化为云烟散尽，只有那些古茶树在远处的森林里远远地静静地守望着这片土地。到 20 世纪 90 年代，台商订制的一批批易武茶终于引起了人们对于易武茶的重新关注。

2000—2010 年，易武的"七村八寨"（七村：曼秀村、麻黑村、落水洞村、高山村、漫撒村、三合社村和易比村，八寨：刮风寨、老丁家寨、丁家寨、张家湾寨、九庙寨、大寨、新寨、倮德寨）里最有名、卖得最贵的是汉族村寨的茶，比如麻黑、落水洞、丁家寨等，瑶族寨子因为路远，加上他们不太会做茶，所以那时候还比较便宜。

2010 年后茶人对于生态的极致追求让易武瑶寨的茶被市场热捧。易武的瑶族是不种茶、制茶的，但是他们擅长打猎和在森林里行走，于是就发现了那些在原始森林深处的古树茶。目前易武最贵的茶：薄荷塘、弯弓以及刮风寨片区的茶王树、茶坪、白沙河、冷水河都是在易武自然保护区的深处，拥有采摘管理权的几乎都是瑶族同胞。

如今提起普洱茶，我们经常会听到"班章王、易武后"，"昔归王、冰岛后"，这四大产区中其他三地都是村寨，而易武是一个镇。易武的普洱茶被大家追崇和认可，源于其悠久的历史和深厚的贡茶底蕴，也得益于得天独厚的地理环境，这独特的山水成就了一杯温润而不失厚度、中正而有幽韵的"君子茶"。

勐海茶区

————

　　勐海，傣语地名，意为勇敢者居住的地方，这里聚居着傣族、哈尼族、拉祜族、布朗族等少数民族。山头上的民族世代以制茶、种茶为生，在勐海的山头上留下了许许多多的古茶园，据 2012 年统计，勐海县保存完整的古树茶资源有四万多亩。但是因为政治、地理和交通的原因，勐海的茶业兴起得比较晚。

　　1910 年，清政府帮助车里土司平定了勐海土司和勐遮土司之间的内讧，同年，汉族商人张堂阶在勐海开设了勐海历史上的第一个茶庄。当时，勐海年产茶叶不足两千担（每担相当于五十千克）。1923 年以后，由于经缅甸、印度进入西藏的茶路的发现，很多人到勐海设立茶庄，压制茶叶后直接出境。到 1939 年，勐海已经有二十多家茶庄，其中最著名的就是 1925 年思茅税务局职员玉溪人周文卿在勐海开设的可以兴茶庄。

　　1938 年初，刚成立的云南中国茶叶贸易股份有限公司决定派

南糯山古树基地采茶

遣范和钧、张石城赴勐海（当时叫佛海）。同年，由云南省财政厅投资的"云南思普区茶叶实验场南糯山（当时南糯山归车里县管理）制茶厂"成立。1940年1月1日，"中国茶叶贸易股份有限公司佛海实验茶厂"（勐海茶厂前身）和服务社成立，范和钧任厂长。

1938年到1942年间，佛海茶厂和服务社生产部分红茶、绿茶、白茶，收购私人茶庄的部分紧茶和圆茶，经过缅甸、印度销往西藏和香港。

1942年，由于日军攻入缅甸，茶叶出境通道被阻，同时，日机轰炸佛海，佛海茶厂大多数员工撤退，茶厂进入保管期，私人茶庄的经营也基本停滞。

1949年后计划经济下，勐海茶厂作为当时三大国营茶厂（昆明、下关、勐海）之一，奠定了勐海茶在普洱茶里举足轻重的地位，自此勐海茶开始进入了辉煌年代。勐海的原料开始出现在印级茶里，也出现在现在赫赫有名并炙手可热的七子饼茶里。尤值一提的是，随着1973年普洱熟茶的技术成熟并进入量产，勐海地区凭借气候、原料和技术等优势，一跃成为云南地区普洱熟茶最大的生产、加工和出口基地。

2000年以后的山头茶时代，勐海茶区的南糯山、巴达山、布朗山、勐宋、贺开、帕沙成为西双版纳境内与澜沧江东岸有历史传统的古六大茶山（易武、倚邦、蛮砖、莽枝、革登、攸乐）并立的新的六个知名茶山。

勐海境内的这六大茶山中最先出名的是南糯山。南糯山居住的都是哈尼人，南糯为傣语，意为"产美味笋酱的地方"。传说召片领率文武官员游历到南糯山，南糯山的哈尼头人杀猪宰羊相待，席间，献上美味笋酱一碗，召片领吃了以后胃口大开，令把笋酱作为贡品，进贡车里，从此傣族就把这座山叫南糯山，哈尼人也就跟着叫开了。

1938年10月，白孟愚用牛车从缅甸拉回了英国生产的揉茶机、烘干机、切茶机、分筛机和发电机，这是历史上第一批进入云南的现代化制茶设备。同年底，南糯山茶厂建成，云南第一个现代化的茶厂在南糯山诞生了（当时叫"云南省思普企业局南糯山茶叶实验场"）。1951年，南糯山茶厂划归国有。1954年南糯山茶厂和其先进的制茶设备一同并入到中国茶叶云南省公司勐海茶厂。1950年，半坡老寨发现了八百年茶树王，据当地哈尼人称，这棵树是由五十五代之前（约八百年前）的一位哈尼先祖——"沙归"种下的，所以当地人称这棵树为"沙归拔玛"（意思是沙归的大茶树）。从20世纪50年代开始，南糯山每年吸引大量专家、学者、游客前来考查、研究、观光和祭拜，1988年联合国投资修通了通往南糯山的公路，使之成为著名的朝圣地和旅游景点。

第二个出名的是巴达山。1961年，在巴达山中发现了一株一千八百年树龄的野生茶树——巴达山野茶王树，随后，在巴达山野茶王树周围又发现了十余万株野生古茶树。这是中国境内最早发

勐海茶区中的南糯山、老班章、滑竹梁子居住的都是僾伲人

现和确定的古老的野生大茶树及群落，当时正值中国和印度为茶树起源国争得不可开交之时，巴达山茶王树及其群落的发现，确定了茶树起源于中国。

1988年勐海茶厂在巴达和布朗地区开辟了两个万亩茶园基地，但是布朗地区整体的蹿红，还是从老班章开始的。2000年之前勐海大厂的茶还没有古树和纯料的概念。那时候山上古树茶条索不好看，少数民族又制茶不精，所以茶便宜，山上的少数民族日子都过

茶季采茶

得辛苦。2000 年之后，随着老班章的崛起，带动周围的贺开、班盆、老曼峨等寨子的茶价水涨船高，这些寨子也成为勐海地区最有名的山头片区。

2013 年后，因为大企业的落户，勐宋茶区的茶变成市场的新热点，其中新秀是滑竹梁子。滑竹梁子是西双版纳最高峰，古茶园由保塘的四个寨子，蚌龙的三个寨子和坝檬共八个寨子共有（所以市场上同样是滑竹梁子，风格也会不一样）。

2018 年，勐海县茶产业综合产值突破百亿，如今的勐海，不仅仅是中国普洱第一县，也成为云南产茶县市（区）第一县。

临沧茶区

———

冬天来山里的人比较少，一阵小雨过后，湿漉漉的山路上清寂得能听见森林和自己的呼吸。车蜿蜒在原始森林的小路上，一个又一个的山头翻过，路边不远处，古老的不知是几百年还是上千年的野山茶在静谧的山谷里开了一树。

站在苍劲的树底下，抬眼望，"为什么要在这个季节里开花呢，这个季节里开花注定是无人来赏的"，低头捡拾树下的山茶花，不禁又笑自己："我们往往自大地以为人是这个世界上的主宰，可是这世界上不是万事万物都要取悦于人的。"这满树大朵的红，绚烂但不妖艳，热烈却又不争不抢，隐在这大山深处，看过一个个春秋。

盘了数不清的山道，停车在香竹箐，去往锦绣茶祖的石阶路趁着人少在继续铺设，道边一户茶农摆出了茶花等土特产，有一搭无一搭地做着生意。"以前我们家门口就有一棵好大的茶树，

临沧地区有很多超大的古茶树

采
茶

那时候茶不值钱，也不懂，盖房子嫌碍事就砍掉了，现在大茶树变成宝了。"随我们一起上山的村民说起之前家门口的那棵大茶树不禁后悔。

拾阶爬坡，此行的目的地是面前被围起来的锦绣茶祖。这棵独自立在山头上的古茶树是迄今为止世界范围内最古老的栽培型古茶树，树龄有三千二百年，仍然茂盛。像这样世界有名的古茶树以及古茶树群落，临沧还有很多，因此临沧也被称为是世界茶树的主要发源地之一。

野生古茶树 临沧目前已经发现的野生古茶树群落有五十多万亩，遍布临沧市的七县一区：勐库大雪山野生古茶树群落是世界上海拔最高、面积最大的野生古茶树群落，1号野生古茶树位于海拔两千七百米的像童话一样的原始森林里，树龄考证有两千七百年；永德大雪山附近连片的野生古茶树，平均树龄几百到几千年不等；凤庆境内的野生古茶树群落据不完全统计约有三千亩……

白莺山——茶树演化的天然博物馆，野生型、过渡型、栽培型的茶树品种在这里聚集：野生茶、黑条子、二嘎子、本山、白芽口、藤条茶……它们或房前屋后，或就这么出现在村口路边。

去白莺山寻茶的那年，刚好遇上雨季过后的各种塌方，徒步加摩托车才辗转进了村，山中蒙蒙的雾让村口的大茶树绿得更好看。茶主人拿出各品种茶给我们喝，坐于此山中更赞叹这方山水和杯中东方树叶的神奇。

栽培型茶树 临沧栽培茶的历史很长，从古时候的濮人世代种茶制茶到明代勐勐土司从西双版纳引进茶籽种在冰岛，再到清代《缅宁县志》《顺宁县志》里当地的地方长官房景东、琦璘沧等带领大家种茶……临沧的七县一区均生产大量优质的茶品，而且当地茶农在漫长的历史中培育出国家级良种——勐库大叶种、凤庆大叶种，省级良种——冰岛大叶种、邦东大叶种等优质的种质资源。

临沧有茶，不仅仅是普洱茶。1639 年徐霞客来到凤庆，"宿高枧槽梅姓老人家，梅姓老人颇能慰客。特煎太华茶饮予"，太华茶便是一种与普洱齐名的绿茶，明代谢肇淛在《滇略》中记载云南有三种名茶"太华茶、感通茶、普茶"。清代关于临沧绿茶的记述就更多了：《滇海虞衡志》里记载"顺宁有太平茶，细润似碧螺春，能经三沦，尤有味也"；《滇南新语》里说"茶产顺宁府玉皇庙内、一枪一旗，色莹润不输杭之龙井"……直至 20 世纪 90 年代，当地人日常饮用的还是蒸酶茶和当地大叶种做的绿茶。

临沧的凤庆是世界滇红之乡，1938 年冯绍裘老先生一行受到当时民国政府委托到云南来试制红茶，以出口创外汇支援抗战。1939 年滇红在凤庆创制成功后，通过滇缅公路运往伦敦交易所，创造了当年红茶交易的最高价。中华人民共和国成立后，滇红茶一如既往地销往国外，在国际舞台上担当创外汇和国礼的角色。

临沧作为普洱茶的重要产地，没有像易武和勐海一样在普洱茶历史上为大家熟知，主要原因有两点。一、从长远的历史上来讲，

锦秀茶祖

临沧的地理位置偏远，远离中央核心政权，经临沧唯一的一条茶马路是经下关进藏的滇藏路线，所以没能像易武和古六山一样在贡茶的历史上留下足迹。二、中华人民共和国成立以后，计划经济下，临沧的茶叶发展重心以滇红为主，临沧的大批普洱茶原料被调拨到勐海茶厂和下关茶厂压制七子饼茶。

在如今的普洱茶里，临沧已经不是单纯的普洱茶原料供应地，而是以优异的品质被越来越多的人认可，临沧的冰岛和昔归成为与西双版纳茶区的老班章、薄荷塘、曼松并列的名山头，并带动临沧整体普洱茶业的大发展。因了冰岛，勐库东西半山的——小户赛、懂过、坝糯、正气堂等村寨的茶逐渐被茶人们所熟悉；因为昔归，邦东乡的纳罕、曼岗、和平等附近的村寨也逐渐逐渐散发光芒。

普洱茶与普洱市

待在云南茶区的日子，我除了关注茶本身，还关注了这里的民族、服饰、习惯、信仰以及当地人的普通日常。友人看到我朋友圈里满满的人文片以及坐标西双版纳，发私信给我："你不是去云南做茶了么，怎么不去普洱（市），而是跑西双版纳逍遥去了？"

这是大部分人对于普洱茶与普洱市的误解——很多人以为普洱茶产自云南的普洱市。前些年有朋友去云南旅游，听说有个地方叫普洱市，就以为自己找到了普洱茶的原产地了，于是兴冲冲地买了很多普洱茶回来。

要厘清普洱茶与普洱市的关系，我们需得从普洱市以及普洱茶的历史讲起。

刚摘下来的普洱茶鲜叶

一、普洱市的历史

唐代时云南属于独立的少数民族政权，当时称之为南诏。879年，南诏政权在现在的普洱设置治，名"步日睑"，作为重要的交通枢纽。

宋代，统治云南的是大理国，大理政权将南诏时期所设的步日睑改为步日部，先属威楚府，后划归蒙舍镇管辖。

元代蒙古铁骑占领云南，称步日改为步日/普日，在思茅一地设为思么，两地各设"甸"于步日/普日加设"普日思么甸司"，辖两甸及南方各地。

明朝洪武十六年（1383年），朱元璋平定云南，改称步日/普日为普耳，划归车里军民宣慰使司管辖（当时车里管辖范围含如今的普洱市部分以及西双版纳），万历年间更名普洱。

雍正七年（1729年）设立普洱府，为流官制，辖六大茶山、橄榄坝及江内六版纳（即勐养、思茅、普滕、整董、勐乌、乌得），对江外各版纳（即勐暖、勐棒、勐葛、整歇、勐万）设车里宣慰司，普洱府对车里宣慰司实行管理。

雍正十三年（1735年）设宁洱县为附廓县。乾隆三十五年（1770年），普洱府辖一县三厅及车里宣慰司（古六大茶山当时属于思茅厅）。

也就是说，从雍正七年开始，普洱府下辖的区域包含现今行政

普洱茶杀青

区划中的普洱市和西双版纳。

　　1950 年，改府制设立宁洱专区，专署驻宁洱县——辖宁洱、思茅、六顺、车里、佛海、南峤、镇越（驻易武）、澜沧（驻募乃）、景谷（驻威远）、景东（驻锦屏）、镇沅（驻恩乐镇）、墨江（驻玖联镇）、江城（驻勐烈）、宁江（驻勐旺）、沧源（驻勐董）等十五县。此时下辖范围中车里、佛海、南峤、镇越，就是如今西双版纳的勐海和易武六大茶山茶区。

　　1951 年，宁洱专区改称普洱专区，宁洱县改名普洱县； 1952

普洱茶揉捻

年，将沧源县划入缅宁专区；1953 年，将车里、镇越、佛海、南峤四县（如今西双版纳的勐海和易武六大茶山茶区）划归西双版纳傣族自治州，将勐旺、安康二区划归西双版纳傣族自治区……今普洱市的行政范围基本成型。

随后的五十多年中，行政名称曾经变更为思茅专区、思茅市，2007 年正式更名为普洱市。

普洱茶干燥（太阳自然晒干）

二、普洱茶的历史

云南产茶历史很长，但由于地处西南，历史上很长时间属于独立的少数民族政权，所以现存最明确的产茶记载出现在唐代——樊绰在《蛮书》说"茶出银生界诸山"，"散收无采造法"……关于普洱茶的明确记载则出现于明万历末年（1620 年）谢肇淛的《滇略》中——"士庶之用皆为普茶也"。我国著名的历史学家、云南地方民族史开拓者、南中泰斗方国瑜先生在其文集中给出了释义："士庶之用都是普洱这个地方集散的茶。"

清代文献中关于"普洱茶"明确记载不胜枚举。清代阮福的《普洱茶说》中说"普洱茶者，非普洱界内所产，声盖产于府属思茅厅界也。厅治有茶六处：曰倚帮，曰架布，曰嶍崆，曰蛮砖，曰革登，曰易武"；《滇海虞衡志》载"普茶名重天下，出普洱者所属六山，一曰攸乐，二曰革登，三曰倚邦，四曰莽枝，五曰蛮专，曰慢撒（今属易武）周八百里，入山作茶者十万人，茶客收买返于各处"；《滇系》中说"普洱府茶产攸乐、革登，倚邦、莽枝、蛮专，慢撒六茶山"……

特别是《滇云历年志》记载："雍正七年，总督鄂尔泰奏设总茶店于思茅，以通判司其事。六大山产茶，向系商高民在彼地放收发，各贩于普洱，上纳税转厅……"

综上典籍我们发现：普洱茶是指当时普洱府管辖境内出产的经

思茅集散的茶品，涵盖如今的普洱市和西双版纳等地区。而如今的普洱市下辖的一区九县仅仅是普洱茶的众多茶区中的一部分而已。

那么普洱茶到底产在哪里呢？从现在的行政区划上来讲，普洱茶的主产区有：西双版纳傣族自治州、临沧市、普洱市以及德宏、保山、大理、怒江自治州的部分地区。

三、如今普洱市茶区

普洱市有名的普洱茶主产区有：景迈山产区、邦崴产区、景谷产区、镇沅的千家寨产区，景东的无量山产区、宁洱的困鹿山、墨江的迷帝、凤凰窝及其周围产区以及江城的部分产区。产区分配范围广，茶园生态多样。

普洱市靠近澜沧江的地区是世界茶的发源地之一。普洱市的景谷县发现了距今约三千五百四十万年前的茶树的始祖宽叶木兰化石；镇沅的千家寨有成片的野生古茶树，其中最著名的1号和2号野生古茶树，树龄可达两千七百年和两千九百年；邦崴有世界上唯一一棵最古老的过渡性大茶树；景迈山有连片的万亩古茶园……

普洱市也有很多贡茶：景谷的秧塔白茶是清代贡茶，当时称之为白龙须；墨江的迷帝茶，原称米地茶，因受清代皇帝的喜爱，改称迷帝茶，赵氏家族被皇家赐予"岁俸京师"牌匾；宁洱的困鹿山也是当时的贡茶园……

　　笔者花了两年走访整个大无量山茶区，从邦崴走到安定镇，从大朝山走到曼湾镇。值得一提的是，与其他茶区相比，整个大无量山产区生态特殊——众多的古茶树与田间地埂的玉米等农作物共生，因此被很多学者称之为"地埂茶"。

古茶树上的青苔和花斑

普洱茶的老茶江湖

我们追寻和探寻历史，总是要借助一定的物质载体，或者是前人留下的只言片语，或是具体的文物古迹。普洱的老茶是那个逝去的特定时代的历史见证。

支撑普洱茶老茶市场持续火热的，除了文物和历史价值之外，还有普洱茶越陈越香的茶品特性。由于低温杀青和自然晒干等特殊工艺，普洱茶的叶片中保留了大量的活性酶，让普洱茶变成了活着的生命——可以在岁月里缓慢变化，历久弥新，耐人寻味。

之所以把老茶市场称之为江湖，是因为它跟旧时的江湖一样，有各种口口相传的传奇，鱼龙混杂、真真假假、虚虚实实。普洱的老茶，从号级茶在拍卖市场上屡创新高，到以"88青"为代表的20世纪80年代末的七子饼茶成为市场神话，高烧不退的市场热度吸引了一大批人制假售假。

普洱老茶的研究和学习，一直是精通普洱茶最困难的部分：

普洱老茶的鉴定中包装纸张是重要的参考，图为 20 世纪 70 年代小黄印

厘清老茶的历史相对简单，但是系统化地认知就非常难，即使经济实力足够，能够在纷繁的市场上买到老茶本尊已非易事，集齐全套更是难上加难。应同学们的要求，我们请到了徐飞鹏老师给我们系统地讲解普洱的老茶。

"市面上的老茶，分为号级茶、印级茶、七子饼茶这三个时代。

"清末民初至 1950 年，这段时间生产的紧压茶（圆茶，砖茶，紧茶和极少量的金瓜贡茶）统称为号级茶，也被成为古董茶。主要有：福元昌、宋聘号、可以兴砖、同昌号、同兴号、陈云号、鸿泰昌、思普贡茗等……"

徐老师对照实物教我们如何分辨，"你们看，古董茶每一片都没有外包装纸，饼身压内飞，因年代久远，内飞往往残缺不全。有筒票，叶条较大，饼形较大。"

关于这些老茶，从原料到包装，徐老师讲得很仔细："福元昌的内飞有紫标、白标、绿标三款，普遍认可它是 1920 年代生产的，目前市场价格超过二百万；早期宋聘有红标与蓝标，生产年份是 1917 年，后期的宋聘号是以一张白纸外包，生产于 1950 年代。红标宋聘较少，目前价格超过二百万；可以兴砖生产于 1927 年以后，有鹿鹤飞与一般飞，生产时重量为三百七十克。它是目前市面上可见的最老的茶砖，也被称为'砖王'；勐景沱与鼎兴沱生产于20 世纪 30 年代，目前见到的最老的香菇沱。市场价格八至十万，属于古董茶里面物超所值的茶品。"

20 世纪 70 年代小黄印冲泡

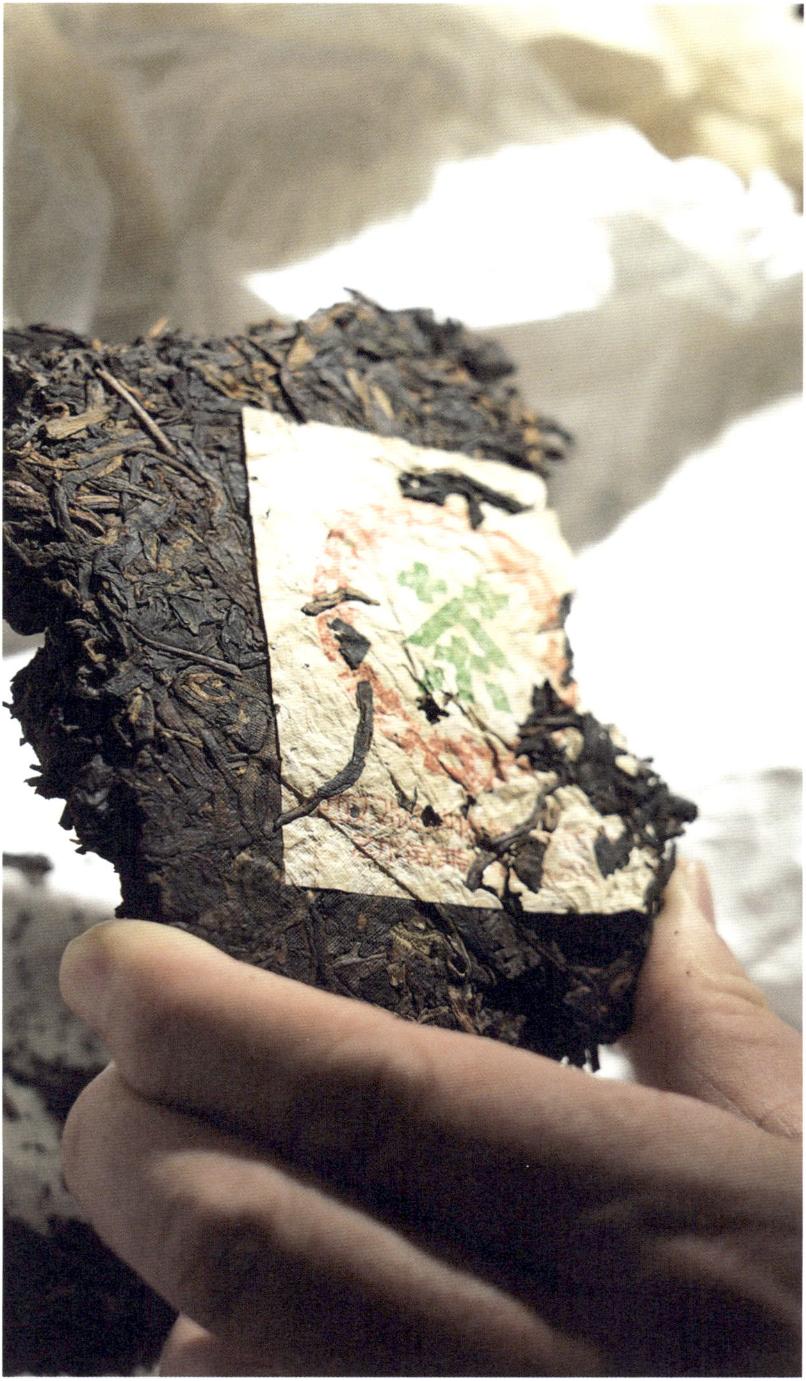

20 世纪 70 年代小黄印

"1949 年以后，云南的茶叶归中国茶叶公司云南省公司统一协调、生产和管理。印级茶系列是中茶 20 世纪 50 年代到 70 年代一批优秀的茶品，因为外包装的不同，市场约定俗成地称之为红印、蓝印、黄印。同一系列又分为具体茶品，甲级红印中分为标准版、宝蓝版、深蓝版、修正版，早期红印里有'一点红'版、'大字'版、修正版……"普洱精修课的课堂瞬间变成了鉴定学习现场，同学们拿着茶饼，前后左右地端详研究。

"包装、内票、内飞，这些是一个佐证，关键还是要真的喝过，有个口感的建立，下面请大家一起品鉴 70 年代的黄印。"我有幸执壶 20 世纪 70 年代的黄印，干茶已经醇化成红褐色，茶品选料相对成熟，茶汤饱满厚滑，沉静而回味绵长。

"七子饼茶时代，昆明茶厂、勐海茶厂和下关茶厂出了很多的优秀茶品，比如勐海茶厂的 7542、8582，特级大叶青饼，7532、7452、8592、8592 紫天、7572、7432、7582……下关茶厂的：中茶简体字、中茶繁体字、8653、8863、甲级沱茶、乙级沱茶、丙级沱茶、特级沱茶、销法沱茶、下关紧茶（1972年后，省茶叶公司批准下关茶厂恢复七子饼茶的生产，在此之前，下关茶厂以生产沱茶、紧茶、砖茶为主）。昆明茶厂的茶品较少，目前见到的只有昆明七子铁饼和 7581 砖。

"大家看到这些茶的编号了吗，这是在 1976 年启用的唛号管理制度，编号的前两位是茶配方的创制年份，第三位是原料等

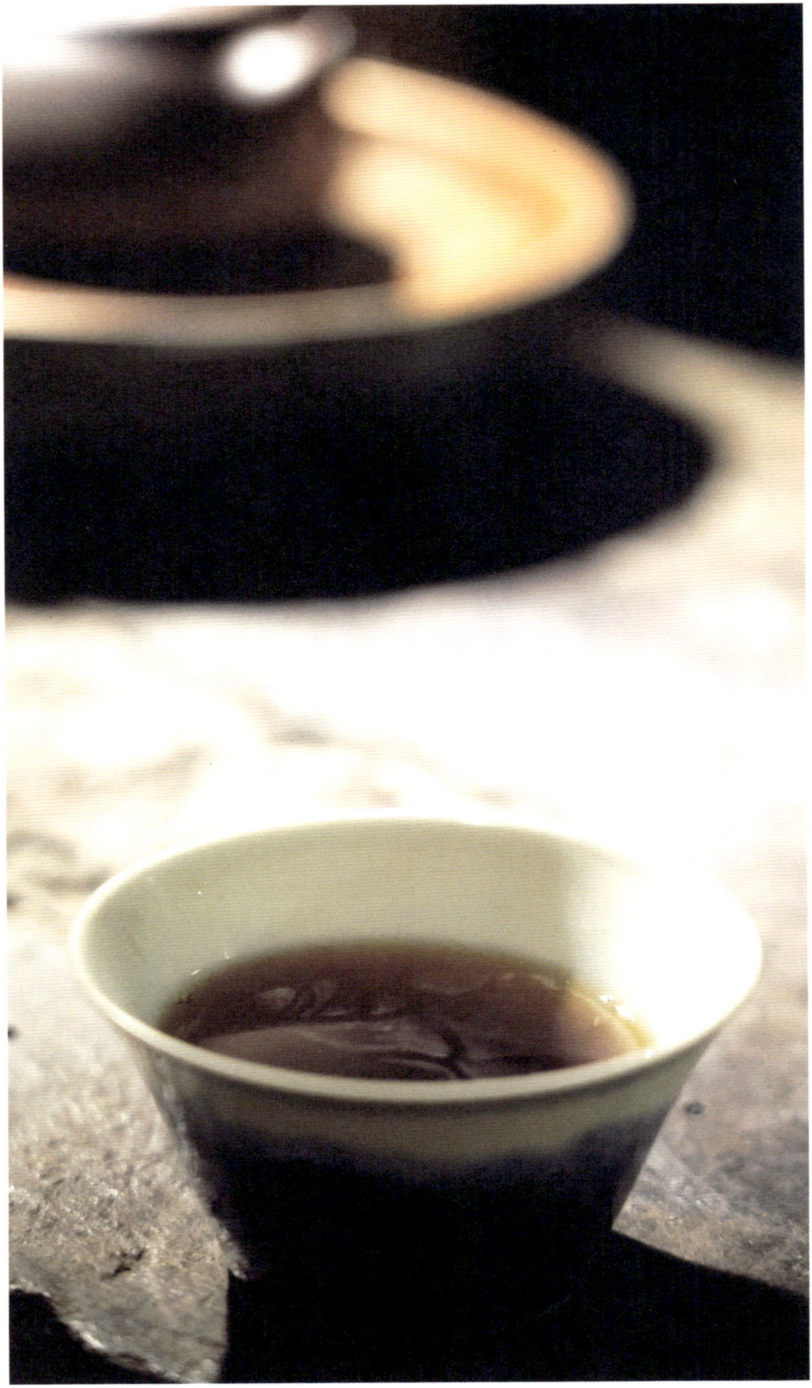

20 世纪 70 年代小黄印茶汤

级，最后一位是茶厂编号：'1'是昆明，'2'是勐海，'3'是下关。

"'88青'是指1989年至1991年的干仓7542，7542是生茶。'7542'中的'75'是指1975年开始有这个配方；'4'一般认为以4级茶青为主，也有认为4级茶青为所用茶青的最高等级；'2'是勐海茶厂的代号。"

品"88青"，已经三十年的茶了，茶汤滋味丰富，在口腔里还跳跃着一丝刺激，茶经过的岁月，都写在茶汤里。

"1996至2003年，省公司进入了一个混乱年代，这个时期省公司使用的还是'中茶牌'和'吉兴牌'，并由各个茶厂代为生产，也有许多小茶厂在代工，但更多是冒用省公司的名义进行生产。这时，出现了大量假冒的'中茶牌'。2003年后，省公司正式停用'中茶牌'。2003至2006年出品的茶都是'吉兴牌'，并标明中国土产畜产云南茶叶进出口公司。

"这是一个时代的落幕，也是新时代的开始，很多私营企业和个人开始上山做茶，纯料和山头茶的时代拉开了序幕。"

我为手里的近些年山头茶沉醉，也总爱在看书习字的时候，泡上一杯老茶。老茶的好并不在外形、香气、滋味的突出，岁月退去了浮华、热烈、棱角，剩下的是静水流深的平静、安定，给人以周身通透和舒适，这是岁月沉淀的味道，是新茶无法比拟的。

薄荷塘的源起
——口述人：薄荷塘的命名和开发者廖天文

　　我从 2005 年进入普洱茶行业开始，就喜欢跑茶山，尤其是古茶山。这些年跑遍了云南大大小小的茶山，喜欢茶山的自然风光，也钟爱当地的人文历史。跑茶山的乐趣在于发现更多的好茶园。

　　2009 年春天，我在易武一户瑶族人家做客。瑶族老人说："易武你跑过那么多茶山，有个茶山你肯定没听说过，薄荷塘，听老人讲那里有很多古茶树。"在易武这些年，确实没听说过薄荷塘，翻遍各种古籍，终于找到有关薄荷塘的记载：传说薄荷塘是茶马古道分支的小驿站，塘边有很多薄荷生长，路人取之消炎、驱蚊。

　　老人的提点让我燃起了寻找薄荷塘的兴趣，然而事情并没有想

茶区刚开发时，为了及时杀青，在古茶园边现做的杀青锅。

象中那么顺利。知道了名字，但是不知道具体位置。2009 年春秋两季，我几次寻访都无功而返。

易武街上有位老人家得知我要寻找薄荷塘的事，便意味深长地说，要知道山里的事，只能问山里的人——深山里有瑶族，可以去问问看。

2010 年春茶季做完手里的毛料订单，我就前往附近最大的瑶族村寨——刮风寨。从刮风寨出发，经白沙河找到茶王树，索性就在茶王树附近住下。我和瑶族茶农同吃同住，喝山里的水，吃野菜、旱谷，在茶王树周边遍寻无果。五月的茶王树片区很美，遗憾的是，我在山中待了七天，仍然没有找到传说中的薄荷塘。

春去秋来，2010 年秋，我对于薄荷塘的执着愈发不能按捺，再次出发寻找。这次从瑶族丁家寨出发，沿着几乎被植物完全覆盖的崎岖山路，经过老杨家寨，沿着一棵大树旁的无路之路向上攀爬了大概七八公里路，终于到了一片将近干枯的山塘。但是这几近干枯的山塘和心中想象的薄荷塘相去甚远——难道眼前这片毫无生机的山塘就是心心念念的薄荷塘？一片干塘，不见薄荷亦不见瑶族老人口中的茶树。将近两年的艰辛波折，会以这个笑话告终吗？挫败却又不甘心，想起一年前瑶族老人提起薄荷塘时眼中的光，心里一震又继续往深山探寻。

山草长得太旺，在山中披荆斩棘地行走。走了大概两小时，一片古茶园出现在了我的眼前。古茶树静谧地扎根在大山深处，由于常年无人采摘和管理，很多古茶树上攀满了藤蔓。仔细打量，古茶树们长势很好，向着阳光能够透进来的上空，一棵棵笔直生长。有好几十棵格外高大粗壮，树皮是深沉的绿，斑驳的树纹是岁月留下的痕迹。

拨开杂草荆棘，攀爬到附近的山顶，俯瞰以确定这片茶园的大概位置。这片古茶园静静地藏在群山中，后山与西双版纳第二高峰黑水梁子隔山相望。我们坐在山头乘凉，呼吸着新鲜的空气，山上的水牛见到人低低地哼几声，悄悄走近跟人蹭盐巴吃，特别热情。

暮色已降，我们满怀着喜悦的心情下山。很快的，我们找到了管理这片古茶园的几户茶农，他们称呼这个片区叫草果地。那时候茶并不值钱，采摘难度大，路程又遥远，这一大家子人在那片地区种草果为生。

达成初步合作意向，我们把茶叶采摘之后初制，泡几片在杯里细细品尝，惊喜与感动交杂。它入口细腻，茶气野性，细品之下还有丝丝薄荷的幽香，口感内敛生津而独树一格，是极其独特的生普。当时寻思着，这茶有薄荷的凉感，又因寻薄荷塘而得，就叫这片茶地"薄荷塘"吧！没想到这么一改，这名字日后就传扬开来，这茶成了易武最有名最难求的茶。几乎在喝下第一口薄荷塘的瞬间，就决定了一定要把这么独特的茶推广出去。2010 年秋我与四户茶农签订了合作协议——以高于茶王树、弯弓头春古树茶市场价最少 10% 的收购价收购 2011 至 2013 年这片古茶园的全部茶叶，薄荷塘这个名字的正式出现就在这份合同中。

签订合约之后的多场庆功宴，大家都喝高了。茶主之一的二哥有一次由于太喜悦，在象明岔路口直接把摩托翻到路边一个小水沟里。那时的情景现在不时回想起，都想调侃二哥，当时怎么把你从山沟里扛出来的，你还有印象吗？

合约签完，随之而来的问题就是如何制茶。2011 年尝试将山上采摘下的鲜叶立马运到山下制茶，但是由于山高路远，鲜叶损伤严重。经过一年的探索，为了做出更原汁原味的薄荷塘古树茶，2012 年我们准备尝试"树上采茶，树下炒茶"的做法。

春茶开工前，我和薄荷塘几户茶农准备在山上搭灶炒茶，山路险峻，将铁锅、簸箕、亮瓦等物料运到山上是极其困难的事情。

我们先用摩托车颤颤悠悠地把所有物料都运到老杨家寨岔路口的大树旁，剩下的七八公里山路要靠我们一点点地背。山路陡峭，海拔也逐渐升高。我背起一个炒茶用的大铁锅像壮士一样地往深山中走去，老大（薄荷塘家族里的大姐夫）看到后打趣说："天文，背个锅才能显示做茶人的诚心不是？"那段山路，即使老山民也得走上三个小时，负重上山的我应该也不算太丢脸了吧？

两个铁锅、二十个簸箕以及十多平方米的亮瓦（一种防雨的透明塑料瓦片），这重量完全超出了普通人的负荷，但被我们硬生生地背上了山。

搭灶台　先把山地锄平整，然后量尺寸，和黄泥，搬石块，涂一层黄泥垒一圈石块，垒完后，黄泥晾干后再涂一层黄泥填满缝

采摘下来的鲜叶就地摊晾

隙，那两个黄泥灶台足足用了我们三天时间。

扎竹筐，编簸箕　背上山的簸箕数量严重缺乏，装茶叶的簸箕也不够用，我们只能临时砍一些竹子，破成竹篾来编。将近一个月的时间，我们就编了十多个簸箕，做这些手工也没少被划伤，山上医疗条件落后，我们也只能采用最简单的方式消消毒。有一次二哥的脚掌受伤，只能用火药消毒，火药消毒我也是第一次见——山里的人都这样，靠山养着。

住宿　一张凉席，一张简单的被褥就成了我们的床，中午累了我们便随意躺下休息片刻，我们与山林同居，常有"以天为被以地为席"的豪气。

但是山上炒茶也面临了新的问题，由于山上坡度大，树木的阴影层层叠叠，再加上原始森林茂密，遮挡了大部分阳光，有限的空地和阳光无法满足毛茶干燥需要。另一方面，炒茶需要大量干柴，茶园里的干柴是严重稀缺的，为了收集干柴，我们必须绕着古茶园花几小时从山路走出去拾取。那年过后，经过综合考虑，平整了那条仅容得下摩托车通行的山路，我们重新将炒茶基地搬回了山下。

2013年后，薄荷塘因为香幽水细在茶界声名鹊起，成了业内茶人争相购买的茶品。2014年，我们与薄荷塘家签订了后面的补充协议，继续扎根在易武埋头做茶到今天。"看到茶博会和网络上，假的薄荷塘满天飞，我们能做的只有坚守初心、踏踏实实做茶，这才是正道。"

茶之细腻

——薄荷塘纯料古树茶

第一次喝到薄荷塘古树茶，茶汤入口的那一刻，"水路细腻"这个词自动从记忆库中蹦出来匹配上。

最早听说薄荷塘，是 2013 年春茶季。茶季里各地的茶商从四面八方涌来，易武镇空前的热闹。此时易武街上大大小小的餐厅，颇有几分古代酒肆、餐馆以及老舍先生笔下茶馆的味道，很多消息在餐桌间涌动、发酵和流传。

等待老板娘上菜的间隙，师父的几个朋友在交流最近的收获："薄荷塘古树茶你搞到多少？""贵还难弄到，从廖天文手里收了几公斤……"饭毕回到车上，"师父，薄荷塘是什么情况？""近两年易武片区兴起的国有林里的小微产区，在原始森林深处，路超

鲜叶摊晾

级难走，古树茶的产量不多，2010 年之前叫草果地，一个叫廖天文的'痴汉'发掘出来的，命名为薄荷塘，并一直在开发和收购，现在是易武最热门的小产区。""真的有那么好吗？""水路超级细腻，入口即化……"

再一次喝薄荷塘，觉得仅仅用水路细腻，远远不够描述它的好。它温柔，生津细密而持续——润物细无声，甘露般滋润着口腔、喉头、心田；它入口即化，刚以为像个柔弱无骨的女子，它的气韵开始徐徐蔓延，整个周身和胃都是暖暖的，这才真正的高手：不显山不露水，施招式于无形。它有迷人的花蜜香，但是香不热烈、不争不抢，简单纯净里写满了明丽、温暖。它不言不语，但确确实实是站在了易武之巅，茶人都说它是易武至味，能一亲芳泽，真是三生有幸。

庆幸现在才遇到薄荷塘古树茶，若是再早一些遇到，我大概品不出它的好。年轻气盛的时候，喜欢的是老班章、昔归这样的个性热烈的茶，如今才懂柔软的好。柔软不代表没有力量，不暴不躁，静水流深，事情能够处理得更好。生活是细水长流的，不求轰轰烈烈，但求人淡如菊、心简如素，满心欢喜。

我跟随廖天文先生和薄荷塘家人一起进山。山路狭窄，仅容得下摩托车通过，原始森林深处很多坡超过七十度，坐在车后座，我紧紧地抓住前面的人。这条"现代化"的路是 2013 年秋茶季过后才有的，这之前上下山都需要徒步。听四嫂讲过去的故事，刚

薄荷塘古树茶（新茶）茶汤

薄荷塘古茶树

开始那些年，一个茶季全家人都要住在这深山里，茶季完了才能下山——四家人上上下下加上廖天文，十几口子挤在只有几平方的简陋棚子里。

2011年左右开始，其他人家陆续在附近的山坡上种了很多小茶树。从山梁子上沿坡下行，陡入清凉地。头上茂林参天，周围阔叶如密，但见清泉汩汩石上流。青苔、野花、混着森林的各种香气，沁人心脾。

一类高杆古树茶一共四十九棵，最初的塑封纸牌是2011年廖天文亲自去挂的。这一挂，古树茶里进一步细分出了高杆古树的概念。仔细观察这些古茶树，薄荷塘的一类和相当多的二类都是再生古树：原有的古茶树，几百年前因森林大火或者刀耕火种，地面以上全部被毁，留下很多胸围最大可达一米的古树头，现在的很多古茶树都是从这些古树头上重新发出来的。

在1号树底下，我问易武话说的十分流畅、皮肤黝黑的廖天文先生："别人家做茶，是不需要这么吃苦受罪的，你为什么这么做呢？"廖天文咬着刚从茶树边采过来的野菜梗说："人这一辈子，总是要做点什么的，我做茶，就是想做一款最好的茶。""走过了那么多茶山，当初是为何笃定地选择了这里的？"我好奇地问，他眯起眼睛看着面前的1号树说："从生态、气候、水文、土壤和茶树品种来分析，这里的茶是独一无二的好茶，但更重要的是我身后的这一大家子人，一款好茶是天时、地利、人和的杰作。"

　　"改天请你喝喝 2012 年的薄荷塘古树茶，那年的春茶是一大家子人背着炒锅和米上来做的。""灶是现垒的，摊凉和晾晒用的竹席子是砍了竹子现场编的。那时候老大（薄荷塘家）还没退休，小老大只有一百一十来斤，二哥家的姑娘们还在上大学，三哥夜里爱去岗子上溜达，四嫂的笑声可以明媚整个山谷。"

　　深圳，三伏天，三五好友共品薄荷塘古树茶，胡百雄兄叹道："没想到廖天文这么一个粗汉子，能做出这么细腻的茶啊！"

薄荷塘古茶树茶汤质地油润

茶中之苦
——老曼峨

我对老曼峨的喜欢，说重一点，更多的是欣赏和偏爱。

偏爱它的我行我素：不娇媚、不傻白甜、不柔情似水，还有着几分洒脱不羁。

那个秋天，天空如洗，雨季过后的泥泞挡住了大部分熙攘的人群，捡黄片的老孃孃平添了几分悠闲。我本是陪着师兄上老班章，经不住老曼峨寨子里茶香的诱惑，下车讨一杯茶喝。

主人家毫不吝啬地捧了一大捧茶出来，刚晒出来的秋茶带着几分暖暖的气息。男主人学着城里人的招式注水、出汤，对盖碗的使用还透着生疏。"喝茶"，主人黝黑的脸上带着羞涩的笑。我无法形容那口茶对习惯于甜茶的我造成的冲击有多大，后面任师兄怎么劝，我都不肯再端杯。老曼峨本身的苦再加上投茶量大，口腔中的苦涩从我们离开老曼峨寨子一直持续到新班章村，过了新班章的路口，甘韵才慢慢地在口腔里蔓延开来。

　　与老曼峨再相逢，是在深圳南山。资深茶人胡百雄兄来访，聊及老曼峨，廖总转身去屋里拿来 2004 年的老曼峨纯料古树春茶。"有谁会疯狂到 2004 年那么艰苦的条件下去收老曼峨？"胡兄问。有些人对茶痴迷起来，千山万水挡不住。

　　廖总温壶润茶，亲自瀹泡，"浓强苦显，质厚耐泡，回甘持久，清绝爽冽！"胡百雄兄精准地概括。这个年岁的老曼峨头春古树茶，茶汤饱满，丰富有力，茶味浓厚，入口苦转而化成久久的回甘。

　　茶之所以有苦味，是因为茶中含有茶多酚和咖啡碱。

　　茶多酚俗称茶单宁、茶鞣质，是茶叶中各种酚类物质的总称。滋味主苦涩。其含量因茶树品种、季节、茶青等级的不同有很大差异。含量低者不足 20%，高者达 40%。

老曼峨春茶采摘

老曼峨新梢

　　科学研究证明，茶多酚有防止动脉粥样硬化、降血脂、消炎抑菌、防辐射、抗癌等多种功效。

　　茶种的生物碱主要有咖啡碱、茶叶碱和可可碱。咖啡碱含量约为 2%—5%，茶叶碱含量约 0.002%，可可碱含量约 0.05%。咖啡碱味苦，浓度阈值约为 3 毫克 / 升。

　　科学研究证明，生物碱有多种功效：兴奋大脑中枢神经、强身、利尿、消除疲劳、提高工作效率、抵抗酒精和尼古丁等毒害、减轻支气管胆管痉挛、调节体温、兴奋呼吸中枢。

　　老曼峨的茶相较于其他普洱茶之所以苦，主要是受树种、海拔和小气候的影响。

　　不同的茶树品种茶多酚和咖啡碱的含量及比例也不同，老曼峨区域的茶树刚好是含量相对高的品种。老曼峨较山上的老班章、新班章海拔低，再加上特殊的小盆地地形，也使茶中的咖啡碱和茶多酚的积累较多。

苦茶很多，老曼峨独一无二。谁都无法选择出生时模样——或甜或苦，能把初生之苦化为长长久久回甘的，就更少了。老曼峨的难得之处在于它没有被初生之苦困住，迅速地把这苦化为猛烈和长久的回甘。

老曼峨采茶

老曼峨村寨局部，
老曼峨是布朗族聚居的大寨子。

乌龙茶

无论是从品饮风格、江湖地位还是知名度上，大红袍都是名副其实的乌龙茶之王。

大红袍

————

当我知道大红袍香气的秘密就藏在做青环节里的时候，深深地被茶——这一看似不起眼的生命震撼。

对茶叶来说，摇青是一个痛苦的过程：水筛上，随着摇青师傅剧烈而持续的摇动，茶叶被抛起来又重重地跌下去，同时叶缘与叶缘之间，叶片与水筛之间使劲碰撞、摩擦，磕磕碰碰使它遍体鳞伤。

碰青，这是摇青不足时增加叶片与叶片间摩擦方式、方法，两只手抓起茶青进行对撞。做青的师傅一定是铁面的虎妈或者旧时戏园子里严苛的老艺人，唯有吃这样的苦、受这样的罪才能"成活"。

接下来到了静置环节，它们静静地躺在水筛里，默默无言语，没有呼天抢地，没有怨天尤人。

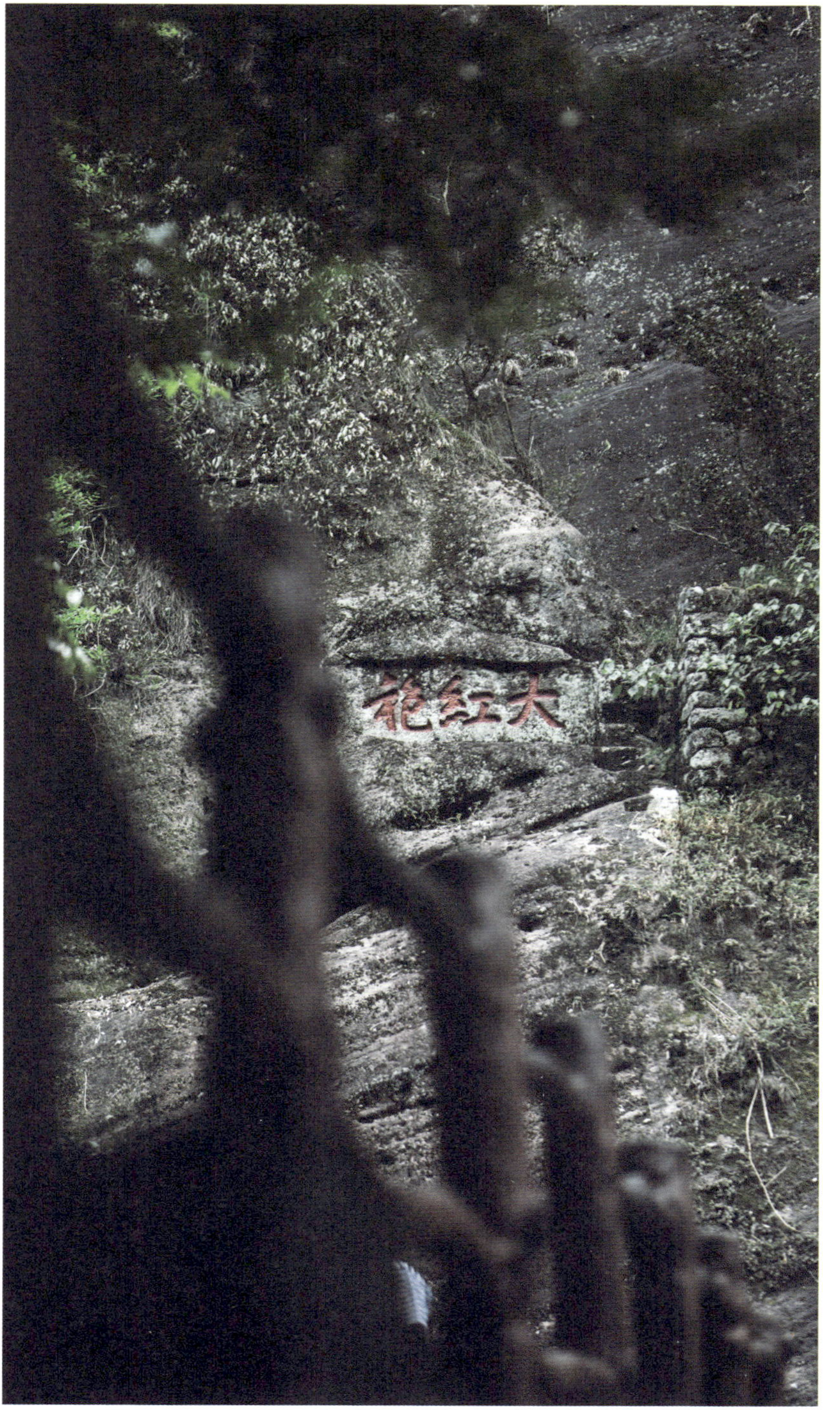

大红袍母树所在地

岩茶鲜叶

摇青、碰青、静置循环往复，记不得是做青的师傅第几次探身去闻茶青的香气，他移水筛对着光亮，仔细观察了一下茶青的状态说："行了。"我小心地凑上前去，怡人的花香从受了伤的叶片中幽幽地散发出来，这是灵魂里的香气。

"你不要心疼，用时下流行的话说，这是挫折教育。"做青的师傅大概是看到了灯光下，我眼角闪烁的泪花，"受的磕磕绊绊多，就比叶片的其他部位成熟得快，绿叶红镶边就是这么来的，也只有受过这些罪，才能散发出独特而迷人的香气。李连杰、成龙那功夫可是练了很多年才有了走上舞台的机会，朗朗的钢琴也算得上冬练三九、夏练三伏了，你喜欢的那些书法作品，都是靠经年累月地练习才能写出来的。吃得苦中苦，方为这人上人呢。"

我蹲在角落里看师傅做茶。茶比我们可优秀多了，只要做青过程中，师傅不出现失误，茶总能从磕碰中蜕变、成熟和成长，可是，我们有时候遇到点小困难，就陷在里面拔不出来，有些干脆自怨自艾、自暴自弃。

在北京的那些冬天，时常给自己泡一杯大红袍，迷人的花果香气可以涤昏寐、破孤闷，独有的温暖在萧索的寒冷里给人力量。这温暖源自火的淬炼。

大红袍每年阳历四月末、五月初开始采摘制作，在传统制作工艺中，茶要经历三道火：初烘、复焙（足火）以及文火慢焙（炖火）。经过这三道火，茶叶的内含物进一步转化和稳定，同时"以火调香，以火调味，使香气、滋味进一步提高，熟化香气、增进汤色、提高耐泡程度"。这个过程中，茶开始了另一段历劫，而这一切都铸就了它的独特：干茶乌褐，仔细观察条索上有细细隆起的"蛤蟆背"，香气里多了因为焙火而有的焦糖香，同时整个香气变得更加深沉、浓厚、馥郁。历过火，它才从经事甚少的天真少年变成成熟、霸气的乌龙茶之王。

无论是从品饮风格、江湖地位还是知名度上，大红袍都是名副其实的乌龙茶之王。中国的乌龙茶按照产区分为闽南乌龙、闽北乌龙、广东乌龙以及台湾乌龙，大红袍所属的武夷岩茶为闽北乌龙的代表，但是至今仍有很多人不知道武夷岩茶、肉桂、水仙，只知道大红袍。

大红袍是武夷岩茶名丛之首，是武夷岩茶的代表品种。之所以叫武夷岩茶，是因为核心产区的茶生长在武夷山自然保护区的核心景区里，着生于丹霞山巨大的岩石缝隙或者丹霞地貌的岩石风化土中。武夷岩茶品种众多，除了当家的肉桂、水仙还有白鸡冠、半天妖、铁罗汉、水金龟、雀舌、北斗、不见天、百瑞香、金牡丹……这些品种大部分是武夷山的茶农们世世代代在武夷菜茶的基础之上繁育出来。

关于大红袍的最早记录来自清代（1839 年）的《一斑禄杂述》："闽地产'红袍'建旗，五十年来盛行于世。"而真正让大红袍蜚声中外的是它曾作为国礼赠予国外元首，还留下的"半壁江

大红袍冲泡

岩茶摇青

山"的故事。至于到底为什么叫大红袍，坊间传说众多，最著名的
就是被张艺谋先生编入《印象大红袍》的茶救书生说，但实际是因
为该品种刚发出的新梢时呈紫红色而得名。

　　母树大红袍原有四棵，原产在天心岩的九龙窠悬崖上，1980
年建九龙窠名丛圃的时候，补植两棵，所以现在共有六棵。2007
年武夷山市政府将 2005 年的二十克母树大红袍送入国博永久收

岩茶焙火前的打焙

藏，此后母树大红袍作为古树名木列入世界自然与文化遗产，禁止采摘。

那么我们现在喝到的大红袍主要是纯种大红袍和商品大红袍。纯种大红袍多数是 20 世纪 90 年代从母树大红袍上扦插繁育下来的后代，商品大红袍是用其他品种拼配而出的武夷岩茶。

友极爱茶，遇上好的年份，总会存上一些足焙的大红袍。《千里江山图》特展的时候，邀友来北京，那个记忆片段里萦绕着陈年大红袍的香气和味道。与友从故宫里出来，在冬日的清冷阳光里，临窗对品陈年的大红袍——这杯经过时间打磨之后的茶，收敛了棱角和锐气，长出了温柔与沉静。

香不过肉桂

喜欢冬日的武夷山，这喜欢里藏着几分自私，其他季节这里熙熙攘攘，断是听不见山与水的呼吸。此刻，天地茫茫，人烟杳杳，终可以走走停停，畅快地将这山水之清气一人独享。

脚下是千百年来采茶工走出的山间小路，铺路的石头早已磨去了棱角。两侧赤红色的山岩终年的湿漉漉，石缝里的苔藓还在滴着水——武夷山这湿润的气候，是孕育出极品茶的重要条件。山岚之气氤氲，山涧的樱花飘落，被打湿成一幅水墨画。近处墨绿的茶树以及远处深赤的山岩衬着磊石道观的白房子，别样清奇。

这里是马头岩的山场区，马头岩的片区相对开阔，磊石岩陡立，半山腰上这个道观依岩壁而建。空山几声鸟鸣，我们轻轻推开观门，道观不大，一尘不染。我轻手轻脚地走着，脑袋里记起多多的提醒："道长，不太好说话。"转到厅堂，道长在跟客人喝茶，

茶季的挑青工

我赶紧行礼，说明来意。定睛一看，跟道长一起喝茶的是相熟的，是岩茶村做茶好手，我说："冬季不忙，来山里走走。"

道长招呼我们喝茶，这茶是道观后面的肉桂，道长亲手做的。说起马头岩肉桂的前前后后，道长用当地话说得有些激动。道长说，马头岩的肉桂出名之前，马头岩片区也是有很多花色品种的，自从肉桂出名之后，很多人家就把树全部挖掉换成了肉桂——这不是马头岩一个山场的现象，而是整个武夷山的一个缩影。

肉桂，又名玉桂，跟所有武夷山的原生品种一样，是从"武夷菜茶"这个当地的有性群体中偶然自然变异而来，后又被当地的茶农及科研机构通过无性繁殖的手段定型培育并推广种植的品种。

据《崇安县新志》记载，肉桂茶树最早发现于武夷山慧苑岩，另说原产于马振峰，早在清代就已负盛名，"蟠龙岩之玉桂……皆极名贵"。清代蒋衡的《茶歌》中"木瓜微酽桂微辛"的诗句对肉桂的品质给予了很高的评价，但是在 20 世纪 50 年代之前武夷山肉桂的产量极少。因其品种特殊，60 年代当地茶农开始逐步尝试性种植。80 年代肉桂的无性繁殖技术成熟，政府大面积进行补贴推广种植，这也是肉桂现如今在正岩产区里广布的重要原因。在正岩产区，甚至能喝"十肉全宴"或者"十二肉全宴"。

所谓的"十肉全宴"或者"十二肉全宴"，指的是正岩山场的肉桂大集合。比如马头岩的肉桂叫"马肉"，牛栏坑的肉桂叫"牛肉"，"鹰嘴岩"的肉桂叫"鹰肉"，九龙窠的肉桂叫"龙肉"，

肉桂采摘

三仰峰的肉桂叫"羊肉"，天心岩的肉桂叫"心头肉"……其中以马头岩和牛栏坑的肉桂最为著名。

行走在牛栏坑，恰巧碰到两个岩茶村的村民抬石进山。牛栏坑与马头岩的山场环境完全不一样，牛栏坑是一条狭窄的岩谷，两侧丹霞巨石耸立，并没有多少平地。牛栏坑的岩谷里，村民砌石围土，土上再栽种茶树，有很多典型的盆景式茶园。

深冬天冷，很多茶叶的边边上结了白霜，煞是好看。整条牛栏坑从尾走到头都不见一个人，只有偶尔吹过的带着微微湿冷的风。大声吼了两声，声音沿着岩谷传出去并没有回音，大有"空山松子落"的意境。这静谧与市场上的牛栏坑肉桂的炙手可热形成强烈的反差。

肉桂到底有多好喝，在武夷山有一句话"香不过肉桂"，说的就是肉桂的香气。肉桂属于高香型乌龙茶，不但香高还极具有穿透力。每次岩茶课上只要泡肉桂，距离教室好远都可以闻到。不同山场的肉桂有不同的特征，乳香、蜜桃香或桂皮香极其迷人。

说回牛栏坑肉桂，市场上牛栏坑的肉桂卖到几万甚至十万元一斤，仍一泡难求。这一小条岩谷的茶实在无法满足市场需求，所以市场上有"十牛九假"的说法。"牛肉"的味道，可不是传说中的辛锐浓烈和煞口（这样的茶反而山场不会太好），牛栏坑位于章堂涧与九龙窠之间，坑谷幽深，因为少太阳直射，再加上特殊的土壤和水文条件，造就了这里出产的肉桂香高而不烈，汤水厚实而细

岩茶核心山场之流香涧

腻，香入水而悠远，挂杯香浓郁而持续。

天心永乐禅寺，铺一方冬日茶席，与小伙伴们组一个肉桂茶会。从九龙窠、疯犽窠的肉桂喝到三仰峰的肉桂，再以马头岩、牛栏坑、慧苑坑的肉桂结尾。茶因为小微环境的不同有了风味的不同，其实并不能妄论高低。寺里的师父，隔了一道环廊，安静地理着手里的药材，端一杯茶，远远地望着，时间仿佛在师父的手里静止。

肉桂冲泡

醇不过水仙

——武夷水仙

武夷山的冬天有些清冷，山里的桐木，闻说飘了小雪。距离过年不到一个月，淅沥沥的冬雨里，武夷山有另一派热火朝天——临近年关，各家都在冲刺春节前的最后一个茶叶旺季。茶厂早没了茶季的熙熙攘攘，只剩缩在一角的炭焙间，还亮着灯。

围着炭盆喝着旧年的空谷幽兰，多多问："子一，岩茶里的这些品种里，你最喜欢哪个？"我远远地望着焙茶师父在焙茶间里忙碌的身影说："水仙。"

水仙是武夷岩茶的"外来品种"，始于清道光年间（1821年），发源于福建建阳小湖乡大湖村的严义山祝仙洞。张天福老先生的《水仙母树志》载："清道光年间，由泉州人苏性者，业农寄居太湖……一日往严义山……经桃子岗祝仙洞下，见树一，花白，类茶而弥大……试以制乌龙茶制法，竟香洌甘美……命名曰'祝仙'……当地祝与水同音，渐讹为今名——'水仙'矣。"

挑青工

慧苑坑的老丛水仙树高3米左右

正岩产区是典型的丹霞地貌——茶树就生于赤红的岩石风化土中

水仙作为一个"外来户"能够在武夷山立足，靠的是优秀的品质。在被引进到武夷山之前，1929 年的《建瓯县志》里就有记载："水仙茶质美而味厚……果香奇为诸茶冠……年以数万箱计……销安南（越南）、旧金山（美国）等埠也。"1910 年南洋第一次劝业会的茶叶评比中，建瓯金圃、泉圃、同芳星诸号茶庄的闽北水仙，均获优奖……目前，水仙树种在武夷山乃至整个闽北广泛种植。

在武夷山，水仙和肉桂被称作当家花旦，加起来占到了武夷山地区总体种植面积的 60% 以上，水仙具体好在哪里呢？在武夷山流传着一句话叫"香不过肉桂，醇不过水仙"，水仙作为武夷山众多品种中为数不多的大叶种，一、耐泡：茶汤"质美而味厚"而且相对于其他品种更加耐泡；二、适应性强：水仙品种无论种植于三坑两涧还是在武夷的高山区，成活率高，抗病、抗害，同时无论种植在哪儿都能保持优异的品质；三、香气迷人：水仙树种属于芳香物质含量丰富的品种，制成乌龙茶后花香、果香馥郁迷人；四、"长寿"：武夷山地区真正可以称之为老丛的品种就只有水仙了，水仙品种属于小乔木，可见百年树龄。

焙笼上焙着的是吴三地的老丛水仙。吴三地在武夷山核心景区东北约五十公里，不属于传统武夷岩茶的正岩产区（武夷山核心景区的茶叶生长在丹霞地貌或岩石风化土上，出产的茶叶品质优异，被称为正岩产区），近几年因为老丛水仙声名鹊起。

水仙新梢

顺着弯弯曲曲的山路前进，高山区偶见成片的茶园。冬季的茶树一身墨绿，全部进入休眠的状态。行车进村，农闲时节，村民们三五成群地聚在一起聊天。看见我们，伊大哥热情地带我们进山。

上山的路边，残雪映着远处的成片的茶园——吴三地除了那片老丛，也有很多新的茶园。至于吴三地的这片传说的百年老丛茶园的由来，带路的伊大哥也实在。"应该是当年知青时候种下的。你看这些茶树多漂亮，比我还高。"伊大哥满脸的骄傲。老茶树的树枝虬曲，冬日太阳光透过密密的树杈照下来，有一丝清冷的古韵。茶树上披挂着很多的苔藓，微风吹过，颤颤巍巍地晃动。"很多人说老丛水仙有一种苔藓味，大概就是源自这些苔藓吧。"伊大哥看我研究树上的苔藓跟我说。"我们是喝不太出来，只知道老老实实做茶，这些词也是听你们外面的人说的。"

这片传说的老丛水仙茶园并不大，"每年春天就会被早早定完，根本不够卖，家里的新丛也不多咯。"吴三地这片老丛茶园的出名，带动了周围高山茶园的茶叶销量，村子里的很多人家这几年才盖起了新房。

离开村子从苦竹坑方向下山，路边的茶园比来时更多。"可别小看这些高山的水仙，可比传统三坑两涧的水仙好卖，做成轻焙火的，香气高容易捕捉，很多初接触岩茶的地方以及初入门岩茶的人都偏好这一款"，多多说。轻焙火做香气，这是近些年岩茶的一个市场新趋势，传统的岩茶普遍要中足焙，只有焙好火，岩茶放下去才不容易出现返青的状况。

　　每年的老丛水仙，我都是要存上几斤的。历来岩茶并不是一个适合追新的品种，新下焙的茶火气太重，退火不足会有火涩味。清代周亮工的《闽茶曲》中就有"藏的深红三倍价，家家卖弄隔年陈"的记述，民间也有"一年茶，三年宝，十年药"的说法。传说民国年间，老百姓得了热症，施集泉的老板拿出陈年的铁罗汉散与众人喝，救了一方百姓。

　　偏爱老丛水仙，是因为它是岩茶中最平衡的存在，香足、汤醇、十足耐泡且回味无穷，是"骨清肉腻和且正"，更是"气味清和兼骨鲠"。

水仙冲泡

漳平水仙

————

　　爱水仙这个品种的不仅我一人。清末民初，宁洋县的大会村有两个茶农，一个叫刘水发，另一个郑玉光，他们来到武夷山考察茶叶种植加工，走遍了各个产区，了解了各个树种后从建阳水吉购买了水仙茶苗回到老家栽培，开创了漳平大规模人工栽培水仙茶的历史。我可以想见两个人碰到水仙的欣喜，肯定是两眼放光如阿里巴巴的大盗们发现了金矿，因为当我有了自己的第一个茶园的时候，第一个引种的也是水仙树种。

　　在茶叶加工方法上，聪明的刘永发吸收武夷岩茶的制法，同时结合闽南乌龙茶的特点进行了创新。做出的漳平水仙发酵介于轻重之间，不忘武夷山原产地传统，又注重闽南周边市场口味，使漳平水仙茶一经推出，就因口味独特而大受欢迎，产品远销周边省市。

　　大约在 1914 年，水仙茶的行销愈行愈远，为了方便携带，刘永发灵机一动，将炒揉好的水仙茶，用既结实又没有异味的木头

漳平水仙制作

漳平水仙茶汤

方槽压制成四方块，再用竹浆制成的土纸包装。然后用文火慢慢烘烤，使之固香成型。一斤茶叶二十五包，大约每包二十克。这个改进，使水仙茶区别于当时仅仅把成品散茶四方方地包起来的"包种茶"——包装更小更紧，更加节省空间，方便于远途运输。从那时起漳平水仙就以紧压饼茶的模样独步于乌龙茶的天下，迄今为止也是乌龙茶里唯一的一款紧压茶。民国初年，又有中村茶人邓观金，将水仙饼茶的制作工艺加以改进，使之型更正、味更香，而且更耐贮藏。刘氏、邓氏二人的工艺此后再无出其右者。

茶界泰斗张天福极爱漳平水仙，老人家曾经说："漳平水仙茶是乌龙茶王国中的小姐。"这句话，不仅指她的外形特立独行，更指它的香味与众不同。

品质优异的漳平水仙茶主要有两种类型：一是桂花香型，其特征是色泽乌褐间金黄，红点明，花香显著，似桂花，滋味醇爽，汤色橙黄明亮，叶底黄亮，红边显；二是兰花香型，其特征是色泽青褐间蜜黄，起点红，香气清高，似兰幽长，滋味细爽，汤色金黄明亮，叶底黄软匀亮，红边明。以上两种香型，现在分别称为"王子"和"公主"。

被漳平水仙吸引的还有 80 后的制茶人高原。2005 年小高老师大学毕业来到了铁观音茶厂上班，那是属于铁观音的黄金时代，同在闽南的漳平水仙，很少有人问津。铁观音忙完，小高老师被朋友叫去帮忙做漳平水仙，已经在铁观音的制作上游刃有余的高原遇

漳平水仙的干茶

到了难题，因为漳平水仙和铁观音的树种和成品茶的要求不一样，采摘、晒青、摇青到之后的各个环节都要更加精细，需要重新钻研。虽然遇到困难，但是这个年轻的制茶人越挫越勇，他从那时起开始专研漳平水仙的传统做法。

放弃了铁观音这个赚钱的茶种，转而研究冷门的漳平水仙，很多人觉得他傻，但是他却乐在其中。"漳平水仙的成品茶，叶底是漂亮的绿叶红镶边，从采摘开始就要讲究，全手工标准采摘，轻采轻放，机器采摘是不行的。虽然很多乌龙茶都已经都不晒青或者晒青不讲究了，但是要制作一款优质的漳平水仙一定得晒青，而且必须要架起来离地晒，对于晒青的温度也要十分讲究。摇青也不能跟铁观音那样摇，要像呵护女朋友那样多静少摇。传统的炭焙啊，这是最让我花心血的。"说起漳平水仙的制作工艺，这个"技术男"开了话匣子。

"在闽南，受铁观音的影响，现在的漳平水仙都在空调房做青，虽保持了鲜感，但是跟现在流行的铁观音一样就离不于冰箱了。"焙茶间里，汗珠顺着高原的额头滴下来。"传统的漳平水仙可不是这样的，之前的老人家喝茶就是常温储存，从罐子或者坛子里拿出去就喝的。"为了研究漳平水仙的传统制作工艺，小高老师辗转拜漳平水仙第三代传承人刘福奇为师，同时多次去武夷山学习炭焙技艺。

"这炭焙技术不能拿来直接用，毕竟武夷山的是条索的散茶，漳平水仙是紧压茶。"为了研究出传统的制茶工艺,小高老师在师父的指导下反反复复地去做实验,前前后后实验了四千多斤茶,这每一斤茶和额头上的汗都变成了肌肉的记忆和珍贵的做茶经验。

因为喜欢水仙树种,结识了小高老师,转眼已有五年。我常常半夜与他聊漳平水仙及其制作技艺:采摘、晒青、晾青、摇青、静置、杀青、揉捻、塑形、焙火,也看着他的茶越来越受到大家的认可。时值仲秋,临窗独酌,拿出小高老师几年前制作的老丛漳平水仙——传统的乌龙茶不是短期必须喝完的快速消费品。仔细品啜,如兰似桂的高贵香气,细腻顺滑的汤感,蜜黄色油汪汪的茶汤让窗外已过白露的深圳有了金秋的气象。

东方美人

这是浑身充满着神秘、坊间流传故事最多的一款茶，就似旧时上海滩最红的角儿，虽没见过本人，但是每个人都或多或少地听说过它一些故事。

它是新茶人的难题，很多人初次接触到它的的时候都会误以为是红茶，它花名儿最多，如"膨风茶""五色茶""东方美人""香槟乌龙""白毫乌龙""番庄乌龙"等。每一个名字都是一个传说，虚虚实实、真真假假，让这位主角更加扑朔迷离。

东方美人原产自中国台湾的新竹和苗栗一带，是茶农智慧的杰作。东方美人的采摘制作期是端午前后十天（如果按季节分，属于夏茶），这时候新竹、苗栗一带的低地天气湿热，茶叶特别容易遭受小绿叶蝉病虫害，茶叶一旦被小绿叶蝉啃噬，嫩叶就无法进行正常的光合作用，叶缘泛黄起皱，叶脉微红。此时如果按照通行乌龙茶的做法，制成的成品茶，干茶和叶底就会花杂、品相差。有一

户茶农急中生智，在传统乌龙茶的基础上，把发酵度加重，这样整体红褐色的干茶和红褐色的叶底就能遮掩住被小绿叶蝉啃噬过的形态。

东方美人是中国发酵度最重的乌龙茶。氧化度有 70% 左右，日本人习惯称之为"四分之三发酵的乌龙茶"，这阴差阳错做出的乌龙茶，茶汤橙红明亮，花、果、蜜香迷人，层次丰富而多变。

当年，这户茶农把这款创新茶，送到中国台北售卖，回到乡里，告诉乡邻，自己卖出了高价，乡邻怎么也不会相信遭过小绿叶蝉的夏茶竟能卖出高价，所以都以为他在吹牛，因此称他的茶为"膨风茶"——吹牛茶的意思。

优质的东方美人，仔细观察干茶，颜色有红、黄、白、绿、褐五种颜色，所以被称作"五色茶"。

制作东方美人的茶树品种是青心大冇茶，采摘的嫩度比传统乌龙茶嫩，是国内乌龙茶里唯一可见白毫（嫩芽上的白毫）的乌龙茶，所以又被叫作"白毫乌龙"。

东方美人深受日本和欧美很多国家的欢迎，早期东方美人的毛茶在出口前，需在大稻埕的"番庄馆"再经过一道烘焙与拣茶的精制过程，所以很多人称它为"番庄乌龙"。

至于"香槟乌龙"的雅号，有人说在东方美人的茶汤内加一滴香槟酒，风味更佳，深受欧美人士喜爱，而被称为"香槟乌龙"；也有人说因为东方美人的茶汤颜色特别像粉红香槟，或者有香槟酒

东方美人

东方美人叶底

的果香，所以称之为"香槟乌龙"。

而关于"东方美人"这一称呼，则传闻是维多利亚女王所赐。英国茶商从台湾采购了这一品种的茶以后，献于女王。女王饮之惊艳，观其一芽两叶在杯中起舞的样子煞是好看，又来自东方，故赐名为"东方美人"。

东方美人在台湾乌龙茶里是独特的存在。台湾乌龙茶源自于大陆的福建，1860年以后逐渐形成自己的体系。台湾的乌龙茶按照发酵度的高低分为：包种茶类、铁观音和东方美人。其中产量最大、风靡中国的是以高山茶为代表的低氧化度的乌龙茶类。1994年中国台湾茶界开始有专门的东方美人茶比赛，东方美人茶逐渐地被大家追捧。2004年，在诞生了近百年以后，当地农产部门终于把这款茶的官方名字统一成东方美人。

东方美人现如今有多受欢迎，我们可以从它的种植面积和区域略窥一二。现在东方美人不仅在中国台湾地区广泛种植，广东、福建以及东南亚地区也大量引进种植和制作。

上海的王凯俊对东方美人情有独钟。他每年冬天都从台湾的好朋友那讨一些回来。清冷的冬天，这个精致的海派男人会拿出民国的青花盖碗，悠悠地泡上一杯东方美人，读书临帖，听水烹茶。无缘由的，总觉得东方美人的气质和上海很配，温温软软、风情万种、神秘迷人，既传统又国际。

东方美人干茶

凤凰单丛

在北方城市里讲课，我每每讲到凤凰单丛，同学们无一例外地表示根本没有听说过。知道是产自广东的乌龙茶之后，穆宁说："难道被广东人都喝光了？"虽是玩笑话，但也是一部分原因。广东是茶叶消费大省，因为气候湿热，祖祖辈辈都有喝茶的习惯：吃早茶，喝下午茶，晚饭后还要支起桌子再来几壶。所以产自本地潮州的凤凰单丛，自然是潮汕以及很多广东人喝茶的首选，因此本地对凤凰单丛的消耗量巨大。

翻看凤凰单丛的历史，清光绪年间之前凤凰单丛主要是当地人民购买和饮用，光绪年间之后凤凰单丛开始随着潮汕人行销东南亚的柬埔寨、越南、泰国等国家（当然那时候还不叫凤凰单丛）。在历史上，凤凰单丛是"南销茶"，这也是北方人没听说过凤凰单丛的第二个原因。

有了前两个原因，凤凰单丛不愁卖，所以当地就没有组织像大

凤凰单丛古茶树

宋茶王采摘局部

红袍那样的大规模的宣传推广活动，这也是大部分的北方人对凤凰单丛很陌生的又一个原因。

　　北京的课堂上，凤凰单丛着实惊艳了很多人，甚至有很多人是因为凤凰单丛才爱上了茶。"喝到凤凰单丛，我才发现原来茶可以香香甜甜的这么好喝"，心雨说。凤凰单丛以香著称，被称作茶中香水，有芝兰香、蜜兰香、肉桂香、玉兰香、桂花香、黄栀香、夜来香、柚花香等众多香型。

凤凰单丛采摘

　　"白老师，凤凰单丛有这么多香型，是因为旁边有玉兰树、桂花树、栀子、柚子树这些吗？""白老师，这些香型也是像老北京茉莉花茶一样窨制出来的吗？"关于凤凰单丛的香，这是最经常被大家提及的问题。茶叶在茶树上时，是不具备吸附性的，所以茶里的香气并不是坊间传说的有什么香气是跟什么种在一起。那凤凰单丛的香是怎么来的呢？

　　凤凰单丛之所以这么迷人，跟其树种、生长环境和制作工艺有关。

凤凰单丛是很多优秀品种的总称，发源于一个古老的树种叫红茵。此品种在宋时就有记载，当地山民偶然发现它，烹制后饮用，觉味道极好，就开始在房前屋后进行栽培。红茵是野生型茶树，经过驯化的栽培型茶树叫鸟嘴茶，鸟嘴茶在1956年正式定名为凤凰水仙。凤凰单丛的这些品种最初就是从凤凰水仙的群体种中选育优秀品种中单株采摘、单株制作、定向培育而来的。凤凰单丛这些品种的特性是芳香类物质含量高，这是成品茶香气迷人的物质基础。

凤凰单丛产自"潮汕屋脊"凤凰山脉，出产优质凤凰单丛茶的中高海拔山区具有"山高日照短，云雾雨量多，冬春来得早，春寒去得迟"的特点。"冬春来得早，春寒去得迟"有利于茶树体内物质积累，高山茶区的老树茶一年只能采摘一次；"山高日照短"，紫外线照射少，茶多酚和咖啡碱含量少，制成成品茶甘醇度高；"云雾雨量多"，云雾条件有利于茶树芳香类物质的合成。近年来武夷山也有尝试引种凤凰单丛，但是制成成品茶的表现远远低于凤凰山当地，所谓"橘生淮南则为橘，生于淮北则为枳"是也。

近些年来凤凰山当地茶人尝试用凤凰单丛的茶青原料制作红茶，但制成红茶之后，其香气就大打折扣，所以凤凰单丛香气迷人的另一秘诀藏在制作工艺里。乌龙茶的制作工艺可以最大限度地呈现茶之香气，这点在凤凰单丛身上表现得淋漓尽致。

凤凰单丛的制作要经历采摘、晒青、晾青、做青、杀青、揉捻、干燥等过程，是制作工序最多的茶类之一，任何环节失误都会影响成品茶的品质。

采摘标准一般为两到三叶中开面，如果过嫩则香低、味浓、带苦涩，过老则香低而短、味淡、外形松。

晒青是将当天采摘回来的鲜叶摊放在不太强烈的日光下，通过阳光照射使茶青中的部分水分和青草气散发，同时促进茶青内含物和香气的变化。晾青是晒青的补充，让茶叶可以萎凋得更好。

做青是关系到凤凰单丛色、香、味品质的重要过程，此过程中摇青、碰青、静置三个过程交替、循环往复。茶叶在做青的过程中相互碰撞、摩擦，受了伤反而能够褪去青涩，激发出灵魂深处的香气。需要根据当天的温度、湿度状况看天做青，也需要根据当天茶青的状况看青做青，因此需要做茶师父有相当的经验盯守，太轻和太过都会影响成品茶的品质。

杀青是利用高温钝化茶叶里的活性酶，固化氧化度中止发酵的过程。在这一过程中，青气进一步挥发，水分进一步减少，同时茶叶变软有利于进一步揉捻。茶叶之所以在适宜的温度和湿度下能够氧化发酵，是因为体内具有活性酶类物质，这类物质在80℃以上就会缓慢地失去活性。

揉捻的主要作用是破坏茶叶的细胞壁，使茶汁深处附着于茶叶表面，同时可以塑形。

干燥的目的是通过烘焙尽量减少茶叶中的水分，这样既有利于

鲜叶摊晾

凤凰单丛制作——浪青

贮存，又可以稳定茶的香气和品质。

凤凰单丛除了经过以上的初制环节，还要经过挑拣黄片、复焙等精制过程，检测、包装、运输后才能到达我们的手里。

每次讲到此处，很多同学会问我，"咦，凤凰单丛跟武夷岩茶的制作工序差不多吗？"这是个很好的问题，咱们国家的六大茶类是根据制作工艺辅助颜色来划分的。乌龙茶（青茶）作为六大茶类中的一大类包含：安溪铁观音为代表的闽南乌龙、武夷岩茶为代表的闽北乌龙、凤凰单丛为代表的广东乌龙，此外还有台湾乌龙茶。用另一句话来解释，所有乌龙茶的制作工序大体都是一致的，只是根据茶青原料不同，在细节上会有差别。

凤凰单丛评审课上，带着同学们对样茶进行审评，三十个样茶在外形、色泽、香气、汤色、滋味等方面都有不同的问题。一款好的凤凰单丛真的是天时、地利、人和三者结合的作品，当年的气候不好不行、海拔不够不行、土壤条件不好不行、天气不给力不行、采摘标准不过关不行、晒青晾青不合格不行、做青太轻太重都不行、揉捻不到家不行、烘焙不用心不行、挑拣不严格不行。好茶迷人，得来不易，且喝且珍惜。

潮汕工夫茶与凤凰单丛

凤凰山,一年四季都美,我却偏爱它的秋。春天的茶区太过热火,四面八方的茶商蜂拥而至,采茶工成群结队。采茶、做茶是要看天吃饭的,瞅准了好天气,所有人开始与时间赛跑——进入抢收模式,春茶季是没有太多的闲情逸致好好看看这片山、这方水、这个独一无二的地方的。

秋天的一切变得舒缓而安逸,潮州城里茶庄,老板们悠闲地挑着黄片或者三五成群的在店里喝茶。秋天来凤凰单丛的茶区,潮州城一定要多待些时日的。富有的潮汕商帮并没有吞噬掉古老的潮州巷子,巷角的老档口开了许多年,三五街坊,吃着砂锅粥,听着小电视机里的潮剧,时不时地哼上几句。潮剧——潮州特色地方戏曲,是老一辈潮州人,坐在竹椅上、跷着二郎腿、喝工夫茶时离不开的背景音乐。

漫无目的地穿巷子，不经意间就走到旧时大户人家的门口，门槛上的木雕精致，朱漆上斑驳着金彩。木雕上那些代表着吉祥的花草、表达着吉庆的图案，或者古代传说中美好的故事，在潮州木匠的巧手里从木头的这面镂雕出来，又从那边透雕过去。祠堂里的木雕上惯常地雕刻着《三国演义》《水浒传》中仁、义、礼、智、信的故事，这是潮州人的"祖训"，也是刻在潮州人骨子里的印记。

潮剧、潮州木雕、潮绣、潮汕工夫茶是潮州地区的四大特色文化。潮绣，是潮州人对精致生活的追求，一个屏障、一个团扇、一

潮汕工夫茶器具

凤凰单丛中著名的的小叶种——锯朵仔

潮汕工夫茶的传统冲泡中品茗杯通常用三个

身绣服。一针一线里是老天对于潮汕弄潮儿的嘉奖，这富贵荣华里藏着的是不怕吃苦和敢为人先的精神。

比起其他地方，潮州工夫茶有更丰富的群众基础，无论是大户人家还是普通百姓，小壶小杯的工夫茶融在了潮汕人的血液里。潮汕人走到哪里，就把工夫茶带到哪里，所以潮汕工夫茶在东南亚都开了花。对于潮汕人来说，潮汕工夫茶是祖祖辈辈流传下来的习惯，也是潮汕人对那方山水的眷恋。

潮汕工夫茶的核心是茶。外界只知道凤凰单丛，但是在产区，单丛茶的绝大部分产量来自饶平，真正来自核心产区乌崇山的少之又少。到底是不是产自乌崇山的单丛，熟悉的茶客一口便知，这个秘诀就藏在土壤里。

驱车上山，从低山部到高山部，不时地停下车来观察土壤。乌崇山的土壤是典型的岩石风化土，砂砾岩自然风化成为孕育好茶的最佳土壤，一如陆羽在《茶经》之中所说的"上者生烂石"，而凤凰山其他产区的土壤跟乌崇山的有很大区别。

乌崇山的茶是按照海拔卖的（当然海拔越高的价格越贵），茶农、茶商、茶客习惯称之为低山茶、中山茶和高山茶。比如同样是一款蜜兰香，因为海拔不同会被叫作低山蜜兰、中山蜜兰和高山蜜兰。至于这高山、中山和低山的划分，学术上有明确定义，但是实际上大家都是凭经验和习惯来认定。

凤凰单丛的"山韵"秘诀就藏在这海拔里。与大多数人的想象

宋茶王的采摘盛况

不一样，同一品种、同样的树龄、同样的工艺，海拔越高，香气不会越来越浓烈，反而是越发的幽远；在水路（汤感）上海拔越高，茶汤的表现越细腻而优雅；在滋味上，海拔越高，苦涩越低。这与高海拔地区的气温和光照等条件有关系。夜半，在乌岽山顶与凤凰单丛制作技艺非遗传承人——文国伟老师对坐喝茶，文老师说："好的武夷岩茶叫'岩骨花香'，我们好的凤凰单丛应该叫'岩骨幽香'。"

茶过三巡，文国伟老师一开心，从里屋的茶桶里拿出自己的"宋茶王"来。这棵名为"宋茶王"的古茶树，是一棵据说树龄接

文国伟老师摇青

近七百年的古茶树，文老师是这棵茶树的主人。古树茶的好，可以从嘴巴品饮的角度给出很多的描述，比如香气更内敛和沉稳，汤感更稠厚，香气更入水，更耐泡……但是古树茶的妙处在于与身体的互通和交融，也就是独特的身体感受：饮一杯古树茶无论是来自云南的还是乌岽山的，暖流和热量迅速在身体里流动，像冬日暖阳照遍周身，又像被武功大师注入了真气，毕竟这些古树茶吸收了几百年的日月天地之精华。

树龄是影响凤凰单丛品质和价格的另一重要因素。树龄越大，相应的价格也会越高。此外，影响凤凰单丛价格的还有品种的稀缺性、名气和市场需求等。

独坐，喝一道潮汕工夫茶，品一杯凤凰单丛，"新手品香、高手品韵"。初入门的我们总是被它迷人的香气所吸引：蜜兰香、芝兰香、桂花香、肉桂香、银花香、黄栀香、夜来香、茉莉香、柚花香。而韵味，在不同品种间的细微差别里，在土壤、海拔、树龄里，在那方山川风物里。

静静地喝一道潮汕工夫茶，品一杯凤凰单丛。我们在这杯茶里可以洞见潮汕人的生活习惯和生活态度，也能从潮汕工夫茶的流传中看到潮汕人打拼的生活轨迹。在这杯茶里，我们能窥见潮汕人的文化传承和精神世界，还能看到潮汕人对家和故土的深深眷恋。

白茶

白茶是被「复活」的茶类，我们有幸见证它的兴盛。

秋白茶

———

　　有很多年我是只喝春茶的，因为爱春茶的理由万万千，春天的茶经过一冬天的涵养内含物质丰富，有饱满细腻的汤感，丰富的滋味，浓而幽的香气，是阴中至阳。对于秋茶的态度，大部分时候是敬谢不敏的直接拒绝。

　　北京的秋天，窗外的绿色就要褪去一大半了，收拾仓库，翻出了之前为朋友定做的古树秋白茶。明丽的太阳，让人内心欢喜地想喝茶，茶箱外的封条上，厂长娟秀的字迹，让我燃起了试一下这个茶的念头。

　　开箱，一股熟悉的香气袭来。怎么会有干玫瑰花苞般馥郁的花甜香？这样的香气在白茶里还是第一次闻到。深嗅，蜜甜香的尽头有一丝毫香，尾调是木质的——落叶阔叶林的香气。对于茶，好的外形让人驻足，迷人的干茶香惹人一亲芳泽。

　　取出一人独酌用的小紫砂壶，称上几克茶叶，坐在蒲团上听

白牡丹（政和大白茶品种）

小风炉上的煮水声。白茶不用刻意地冲泡，白芽茶，比如白毫银针和云南的月光美人，冷泡、用盖碗泡或者壶泡都可以；白叶茶，无论一芽一叶、还是一芽两叶，无论是福鼎、政和的白牡丹、贡眉、寿眉，还是云南的乔木或者古树白茶，比较推荐盖碗、壶，老一点年份的还可以直接煮来喝。

平时严谨教学以及教大家审评中，盖碗用多了，在家里更喜欢用壶，如宜兴淘来的方壶、前辈让给的老紫砂、各个窑口的柴烧或者是潮汕的小红泥。根据茶品选择一把，便可以悠然地在茶的美好中度过一下午。

悬冲注水，热气接触到茶叶就裹挟着茶的香气往外奔跑，茶在热水里逐渐被唤醒——执壶者可以清楚地感知到茶的状态，这是旁边的饮茶人没办法体味的美好。

拾杯品啜，汤里的青鲜只剩了点余韵，蜜黄色的茶汤里是简单明了的蜜甜，余韵的丝丝凉像秋风从胳膊上、脖子边抚过。

大洋彼岸的闺蜜刚睡醒，我说我在喝古树秋白茶。"茶不是春天的吗，怎么还有秋茶？"这大概是很多人对茶的印象。

茶叶在我们国家的种植纬度跨度比较大，从最南的海南岛到最北的山东。一般说来，位置越靠南，气候越温暖，茶的发芽轮次就越多。同一地区，海拔越高，温度越低，茶的发芽轮次就越少。茶叶采的是茶树新发出的嫩梢，台湾岛的低海拔茶区以及广东和福建的部分茶区可以从春茶、夏茶、秋茶一直采到 11 月份的冬片。

白 · 茶

　　"那每个季节的味道一样吗？""肯定不一样了，行内人常说'春水秋香'，春天的茶，茶汤细腻丰富而厚实，秋天的茶，汤水薄一些；春茶的茶，香气幽一些，秋天的茶，正常天气状况下，香气更张扬一些；夏天的茶水味重一点，苦涩要重一些……"

　　"这是为什么呢？""春茶经历了一个冬天的休眠和含养，相对于夏茶和秋茶来说当然内含物更充足；夏天对于我国大部分地区来说是雨季，再加上光照更强烈，所以水味重一些，苦涩味高一点；秋天秋高气爽，温度和光照适宜的天气里做出的茶，香气就会高一些。"

　　"听完你说的这些，我是不是就可以行走江湖，变成专家了？"闺蜜在视频的另一头，摆出一副得意表情，虽已为人母，调皮的本性仍未减。"以上这些只是通常意义上的经验总结，每年的气候不一样，茶的表现都会有偏差的，若是赶上雨水多的秋天，这茶就香不起啦。"

　　"之前你给我带过来的茶上面写着头春，又是什么说法？"闺蜜坐到了自己家茶桌的面前烧水备器，开始泡茶。"很多地方的春茶一季可以采好几波，有头春、二春甚至有尾春。头春就是春天或者说当年的第一次采摘，味道跟后面的春茶也不一样。当然每个地方的叫法会略有些区别，比如有些地方叫开园茶之类的。"

　　"那每个季节的产量一样吗？"闺蜜喝了一口自己泡的茶继续跟我聊。"一般来说，春茶的比重最大。"

云南白茶（白叶茶）

福鼎白牡丹冲泡

"我忽然想起一个问题，茶这样一年四季不停歇地采，茶树会不会被累死啊？""如果是发芽就采，采摘轮次过多，确实会出现后面的茶茶质下降的问题。近些年有很多热门茶区，因为茶价高，茶叶采下来就是钱，局部存在过度采摘的现象。"

"福鼎和政和的白茶都有秋茶的吧？"闺蜜虽不是茶行业的人，经常喝茶的她对六大茶类都略有了解，"对的，都有，这几天正当采呢。"

"你说你在喝古树白茶，云南的？福鼎和政和没有听说过有古树哇。""对的，因为茶树品种和历史的原因，福鼎和政和没有特别老的古茶树……"

跟闺蜜的越洋茶叙保持了很多年，茶成了一个纽带，连通大洋彼岸的她与这块生养她的祖国。转头，窗外的树，在秋风里摇晃了几下，几片树叶，随风飘落，又是一个秋，一年过去了大半。回头看看曾经的自己，茶里茶外的这些年，放下很多非左即右的偏执，开始欣赏不同的事物，悦纳不同的美。秋天的白茶，美妙得别有一番滋味。

白茶 云南古树

———

太阳西偏了，老大仰起头望向树上的老三，原始森林滤掉了大部分的强光，但是老大还是不自觉地手搭起一个凉棚。二十多米高的茶树上的老三已经微缩成了一个茶杯大小，背着太阳光，只能看到一个瘦瘦的剪影。

从口袋里翻出手机，已经下午四点了。手机在云南边陲的密林里一点信号都没有，只剩下了拍照和显示时间的功能。"老三，咱们要不要现在就返回，回去还要徒步走三个小时。"老大在树下扯着嗓子喊。老三抬头望了望周身边上长势正好的新叶，跟老大挥了挥手："等采完这一棵，不及时采摘都老啦，一会回去路上咱们脚步快点就好了。"说完，老三嗖一下窜到了旁边的树桠上。

老大找了块树荫的地儿，把老三递下来的鲜叶小心地摊在芭蕉叶上。这片茶树是老三的爷爷在森林里打猎的时候发现的——这些

云南易武高杆大古树（树高十几米）

茶树都是乔木型的高杆大茶树，仅树干部分就有二十来米，树干顶部开篷，树冠面积小。因为山高林密、树高产量少，这些茶树此前几乎没有采摘过。

老三从树上倒着滑下来，"这棵树今年长得可真好啊，比前两棵树能多采一布兜，"老三脸上带着赞许地拍拍古茶树的树干。"看看今天的收成，"老三蹲下身来，"这些鲜叶多漂亮啊……"早晨六点从家里出发，一天下来老三采了三棵高杆古茶树，鲜叶不足三公斤，做成成品茶只有半斤左右。

往回走了两公里左右，遇上了其他小分队的人。这些高杆古茶树不像江南茶园以及布朗山地区的古茶园般连片，而是东一棵、西一棵的，相隔很远。我们早晨两辆皮卡车一起进的山，采着采着大家就分散了。老大跑去挨个打探大家的采摘数量，跑回到老三跟前，开心地说："貌似今天就咱们采的最多了。"

东边的山边响起了一声闷雷，要下雨了。这个季节云南的雨没有任何的规律可言，飘来一块带雨的云彩，一不开心就哗哗地下起来。"快、快，前面有之前我跟阿爹搭的树棚，大家赶紧走。"老三边快步往前走，边招呼大家。大家前脚都钻进树棚里，后脚大雨就哗哗地下了起来。老三在门口踱步："这雨下起来没完了，再这么下下去，鲜叶这一路要耽搁太长时间了。""冒着雨走是不行的，鲜叶淋一路，就没办法救了。"二哥示意老三老老实实坐等雨停。

雨过，天早已漆黑，脚下的落叶和腐殖质被雨打湿混在一起，特别的滑。大家背起茶篓，深一脚、浅一脚地出山。走到皮卡车跟前已经接近凌晨两点。"里面没信号，也联系不上你们，你们再不出山，我们就要报警了。"等待接我们的司机小李边说边赶紧帮我们把茶背篓放到皮卡车上，黑黢黢的群山里，只剩两辆皮卡车互相照亮。

回到初制所，厂长和负责品控的大师傅已在门口等着了。两个人一边安排完大家吃饭，一边把鲜叶赶紧摊放出来检查。"鲜叶耽误的时间有点长了，这批如果做成生普，品质可能会受点影响了。"大师傅检查完鲜叶情况说。厂长思索了一下说："那我请示一下，要不就直接晒成白茶吧。"于是我们阴差阳错地有了一批云南头春的古树白茶——并且还是高杆的古树白茶。

"不是只有福鼎产白茶吗？""只听过云南有古树普洱，怎么会有古树白茶？"分享茶会上有茶友问我。

要回答这两个问题，我们首先要弄清楚的是六大茶类的划分标准——六大茶类主要是根据茶的制作工艺来划分的，也就是说判定一个茶属于六大茶类的哪一类，我们关心的是它的制作工艺而不是产区。所以我们不仅可以有云南的白茶，还可以有贵州的白茶、四川的白茶、江苏的白茶、安徽的白茶、广东的白茶……只是若提到"福鼎白茶"就有地域限制了。

从另一个角度讲，原则上一棵茶树的鲜叶可以制作出六大茶类

乘凉休息的采茶人

云南古树需要上树采摘，采茶工通常斜挎自制的采茶袋

的各种茶，主要看以什么样的工艺去做。所以云南古茶树的鲜叶既可以做成普洱茶，又可以做成白茶，还可以做成绿茶、红茶呢。

这几年云南的白茶越来越被大家认可、接受和喜爱。云南的白茶分白芽茶和白叶茶：芽茶里最出名的是单芽制作，外形挺秀、白毫密布、花甜香迷人的月光美人；白叶茶通常为二叶一芽，茶青原料可以是台地茶，也可能是乔木的小树或者古树茶（换句话讲，云南出产的白叶茶不都是古树白茶）。

从产区范围上来讲，西双版纳、普洱市、临沧等茶区均可以生产云南白茶，各地海拔、土壤、气候、茶树品种等不同，制作的白茶会有不同的风味特征。

我们回到云南古树白茶上，所谓古树白茶，核心在"古树"上，这也是在云南茶区独有的。云南是世界茶树的起源地，因为特殊的地理位置和气候条件，保留了大量的乔木茶树品种。乔木树种是一种比较长寿的茶树品种，再加上云南众多少数民族世代种茶制茶以及明清以来的种茶热潮，如今，云南保留了大片的古茶树。对于"古树"，在云南目前比较普遍的认知是：树龄在百年以上的才能称作是古茶树，这是云南这片土地留给世人的珍贵礼物。

回到深圳，原想叫它"阴差阳错"。这名字虽诗意但流俗，叫"云门一白"吧，简简单单、干干净净，配得上天然去雕饰的美。

太阳快要把钢筋混凝土烤化了的午后，拉上纱帘，瀹"云门一白"五克，给自己一片清凉地。馥郁而饱满的花蜜香加上清鲜的毫

云南易武高杆古树鲜叶

云南古树白茶干茶

香，每一嗅都是大森林里的味道；厚实如嚼之有物般的茶汤，每一口都是心安的满足；蜜甜如野生蜂蜜，萦绕着山野的花香；干净如汩汩的山泉，纯粹却耐人回味……

云南古树白茶汤

福鼎之外建阳、政和白茶
——访香港知名茶人黄锦枝先生

深圳茶博会后的第三天，侯老师带我去拜访了黄锦枝前辈。黄锦枝先生出生于 1941 年，马来西亚侨属，祖籍泉州惠安，香港协和茶行有限公司创始人。先生从事南洋侨销茶贸易逾四十年，是华人茶界资深茶叶制作和审评专家，亦是中国茶产业改革开放四十年的重要亲历者和见证人。

先生精神矍铄、满头银发，乐呵呵的，颇有鹤发童颜的仙翁之态。入座，先生煮水，亲自泡茶。我喜欢拜访老茶人，安安静静地听他们讲过去的故事，这些故事没有史诗般的宏大，却鲜活、真实、有生命，五味杂陈。

"1980 年，我们与广州中三厂联合开发一个产品——'中国健美茶'，主销日本市场。原料上，客户方指定用福建白茶，但是

白牡丹

白毫银针

在香港到处买不到。那时在香港的福建白茶是经销商专营，按配额供应酒楼、餐厅，外人不能做。后来经外贸调解，只能买十六目至四十目规格的白茶角片和茶末，还要保证不能在香港销售——这是当时国家对经营专利的保护。1980 年，我时任庆友诚物产公司的董事总经理，在广州春季交易会与中茶福建茶叶进出口公司的李丽娟科长签下购买白茶角片、茶末的合同，这是购买白茶第一次，数量为十八吨。当时在场的有丁芃小姐、古清荣老师，出货时负责对接的是宋潜宪科长（莆田人，主持白茶科）和邓广田先

特级白牡丹

生，李丽娟女士是当年中茶福建省茶叶进出口公司的主将，可惜已经不在了。"

先生拿出仅剩不多的老寿眉与我们分享，"虽是片角，年份与存储都正，真正的老白茶真的不多。"福建的白茶创始于1796年，当地茶农用菜茶（有性群体种）的壮芽创制了银针白毫（现多称之为白毫银针）。1857年福鼎大白茶在福鼎县繁育成功并推广种植。由于福鼎大白茶茶芽挺秀肥壮，1885年起，福鼎改用福鼎大白茶制作银针。政和县于1880年繁育出政和大白茶，1889年后开始以此制作银针。

1922 年，白牡丹创制于建阳水吉，1922 年之后政和和松溪开始制作白牡丹，而福鼎白牡丹的制作是从 1946 年开始的。

贡眉主产于建阳，是用当地菜茶（为区别福鼎与政和大白茶之"大白"，一般称为"小白"）一芽二叶到三叶嫩梢制成。1980 年之前寿眉是三级以下贡眉的总称，之后由于香港市场对寿眉需求量增加，福鼎、政和等白茶产区也以三四级白牡丹当作寿眉生产出售。同时，由于香港地区习惯把白茶统称为寿眉，后来也变成了商品名。

"咱们现在喝的寿眉，就是建阳漳墩的小白茶，建阳漳墩是当时计划经济下福建省茶叶进出口分司的出口基地。从白茶的历史上来讲，可不是现在市场一边倒的都是福鼎白茶，在上个世纪很长年份里建阳、政和和松溪的产量远远大于福鼎市。"先生泡茶时没有那么多仪轨上的讲究，简单、随性而浑然天成。

张天福先生在 1961 对福建各地白茶的调查研究中有清晰的说明："从各县的白茶产量说，建阳产量最多，约占总产量的 56%，其中小白占绝大部分，水仙白亦全部为建阳所产（以前水吉下墩采制的水仙白最为有名），大白也有少量生产。其次为松溪县，占 18%，主要为大白，小白居少数。再次为政和县，约占 4%，主要为大白，小白不多。建瓯、浦城两县各约占 2%；至于今年才布置有生产任务的福鼎、福安约占 3% 和 5%……"

张天福先生拿出仅剩不多的老寿眉与我们分享

回顾福建白茶的历史，自 1891 年白毫银针（时称银针白毫）开始出口，白茶的生产和延续一直是外销拉动，主要销往我国香港、澳门等地区，东南亚以及日本等国家。

"白毫银针因为数量少和价格贵，一直是少部分人喝的茶品，那时候香港的茶楼里最流行的是寿眉，稍好一点的就是白牡丹。20 世纪 80 年代初开始，在白茶的生产上，中茶福建省公司的各茶厂有比较明确的分工：建阳茶厂主要生产贡眉和寿眉，政和茶厂主要生产白牡丹，福鼎茶厂主要生产白毫银针（当时称之为银针白毫）和新工艺白茶。"先生给我们斟完茶，示意我们请喝茶。

新工艺白茶的诞生是为了争夺中国香港白茶的市场，因为内地白茶的供应不足以及价格高，20 世纪 60 年代，中国香港的中低档白茶市场一度被中国台湾的白茶占领，针对这一情况中茶福建省公司（计划经济时，福建省的茶叶生茶和销售统归中茶福建省公司）令福鼎白琳茶厂研制新工艺白茶，于 1968 年研制成功。因为在传统的制作工艺中加了一道揉捻，泡出的茶汤更加红浓。新工艺白茶于 1969 年投入中国香港市场，受到市场的广泛认可，这才逐步夺回了中国香港白茶市场的份额。

端起先生泡的传统工艺老白茶，茶汤简单纯净、厚实饱满、安稳舒适，一如对面坐着的、虽经过癌症的生死考验却淡然温暖的先生。

"好好地喝一下，这是老白茶该有的味道。"先生叮嘱我们。

推荐用紫砂壶冲泡老白茶

相对于普洱茶，白茶的产量一直不算多，再加上当年的消耗大（白茶真正的火爆是 2008 年以后的事），所以市面上真正的老白茶少之又少。由于长期跟中茶福建省公司的合作，先生算是国内经手早期白茶和老白茶最多的人。

"福建的白茶能有如今的热度，福鼎政府对于福鼎白茶的大力宣传和推广功不可没。相比较来说，建阳以及政和的白茶少人知道，希望大家知道福鼎白茶的好，也去尝试一下建阳和政和的白茶。"四十余年的茶中日月，先生经手过数不清的白茶、普洱茶、武夷岩茶……茶于他而言无高低，唯希望，每一个优秀的茶品，都能被大家看见。

宋脉·政和

白茶

去政和，一半因为白茶，另一半是因了宋徽宗和他引领的北宋，那个把茗饮之事推向极致的时代是所有茶人的梦：上至徽宗皇帝、王公贵胄、荐绅之士，下至平民缁素、韦布之流，"咸以雅尚相推从事茗饮"，采择、制作、品第、烹点均登峰造极。那时候的御贡茶园设在北苑，兴旺之时官、私焙有一千三百三十六处，外焙无数，民间斗茶兴盛。

我很好奇，在这样的大背景下，北宋徽宗政和五年（1115年），政和（时称关隶）进献的白毫银针（宋时做法为蒸青工艺，非如今的白毫银针）到底是多么的极品，竟然打动了品尽天下名茶的"品茶高手"——宋徽宗。我猜它一定是"宫瓯浮雪乳花匀""森然可爱不可慢，骨清肉腻和且正""满瓯泛春风，诗味生牙舌"……所以宋徽宗把自己的年号"政和"赐给了这个小城。

这个因茶得名的小城，在当时，有出产极品好茶的必然。宋太祖建隆三年（962 年）政和县（时称关隶）湘源南下庄村附近就有"龙焙贡茶进建州进御"；宋英宗治平元年（1064 年）开始，北苑御茶园的东平（今东平）、长城（今长城村）、高宅、东衢（今石屯）、感化等地划归政和（时称关隶），这些龙焙和官焙成了政和茶的基因。

夜宿政和石屯镇长城村边，柴门犬吠里找寻宋北苑贡茶的痕迹。那些平地之上的辉煌建筑早在朝代的更迭里随时间销尽，空山寂寂，竹林杂木间的茶树没在了荒草里，唯有零星的古迹和茶马古道诉说着当年的故事。宿的老房子是清代留下的木屋，天井和天窗漏下的光在门柱和窗棂上斑驳着时间的气息。街尽头的风雨廊桥当年不知歇了多少茶工的脚。

"白老师，你喜欢这样的老房子啊，我们政和可多着哩。"西津渡口的大树下，我望着那些清代的老房子发呆。清末是政和茶的又一发展高峰，当年的西津和渡口和石圳码头船只繁忙、商贾云集，现代意义上的政和白茶就诞生在这一时期。

清嘉庆元年（1796 年），政和县茶商周可白、邱国梁等人，用本地菜茶（茶树群体种）试制银针四箱，运往中国香港、澳门销售，获利颇丰，这是如今政和白毫银针的首次亮相。咸丰元年（1851 年）政和铁山镇铁山村高岭头发现"政和大白茶"以后，政和的白毫银针也逐步开始用政和大白茶制作。1920 年白牡丹传

政和老街的老房子

入政和，政和开始大规模生产白牡丹。

"白老师，白毫银针、白牡丹、寿眉、贡眉到底有什么区别？"

"与宋代的白毫银针以及白茶不同，我们现在所说白茶是六大茶类里制作工序最简单的茶类，无论是白茶的哪个品种，鲜叶采摘回来以后经过萎凋干燥之后就可出品。白毫银针、白牡丹、寿眉的区别只是茶青的等级不同：白毫银针的标准是单芽，白牡丹是一芽一二叶，寿眉是一芽二三叶以及'抽针'后留下的嫩叶。贡眉一般是指由菜茶（当地土生群体种）二三叶制成的白茶。"

"'抽针'是什么意思？"

"'抽针'是政和白毫银针的一种特殊制法，一般说来，政和白毫银针采摘方式主要有采针法和'抽针法'。采针法就是直接采摘茶树新梢的单芽。'抽针法'则是采摘一芽一二叶，采回后再单独把芽摘出来。"

"白老师，现在政和的白茶还有很多说法。我听过小白、福安大白、水仙白、梅占白。"到政和高山区寻找本地菜茶的路上，同行的小姐妹悄悄地跟我说。

千百年来，政和的茶树品种都是以菜茶为主。政和大白茶（政和本土品种）诞生之后到 20 世纪 50 年代政和当地形成了高山区以菜茶为主，平原区以政和大白茶为主的局面。20 世纪 60 年代后期，国营稻香茶厂首先引进福鼎大白茶和福鼎大毫品种。20 世纪

政和大白茶的老茶树

政和茶园

政和大白茶鲜叶

政和大白茶干茶

80 年代开始大量引进福云 6 号、福安大白茶、梅占等外来品种。2014 年政和各品种栽培面积的统计数据：福安大白茶占 75.5%，政和大白茶占 8.6%，梅占 8%，福云六号占 4.5%，金观音占 1.4%，本地菜茶占 1.2%，台茶 12 号占 0.5%，紫玫瑰、白芽奇兰等品种占 0.3%。"

"一般说来用当地菜茶制成的白茶叫小白，政和大白茶制成的白茶叫大白，福安大白茶制成的就叫福安大白，水仙制成的白茶叫水仙白，当然用梅占制成的白茶就叫梅占白了。"

高山深处的菜茶，赤水丹山间高高低低地散落着，一蓬一蓬一丛一丛，少了市场热度的打扰，枝枝丫丫的蓬勃出隐逸的自由。这些原生的群体种千百年来在这片土地上扎根，茶树里流淌的是政和茶的千年血脉。

汲水泉边，饮一杯菜茶做的小白茶，最简单的制茶工艺让我们尽可能地走近茶的本身。这口腔里萦绕的山岚清气可是范仲淹说的"斗茶香兮薄兰芷"？这滋味可是蔡襄在《茶录》里说的"甘滑"？这舌底、口腔里久停的甘甜和欣喜可是陈渊说的"舌底回味只自知"？

绿茶

现如今，在中国的土地上只要有茶树的地方就出产绿茶，从最南端的海南岛到山东青岛，从最东的江浙到最西的藏南……

绿茶大国

———

　　在中国，要论最有群众基础的茶类，非绿茶莫属。大家也许不知道什么是铁观音、大红袍、凤凰单丛、祁红、普洱茶，但是一定知道绿茶。

　　若要问这其中缘由，首要的原因就是绿茶产量大。在讲茶树品种适制性上，乌龙茶、普洱茶等茶类属于对茶树品种要求比较高的，比如乌龙茶突出香的特点，所以要求茶树品种必须符合这一特性。但是对于绿茶，几乎所有的茶树品种都适合制作，而且都会很好喝。从原料是讲，乌龙茶、普洱茶不能嫩采，采摘标准要一芽两叶起（采摘标准过嫩、过老都会有失其风味），但是绿茶受原料采摘嫩度的影响就较少，单芽，一芽一叶、一芽二叶都各有风骚。从采摘次数上讲，很多地方的春茶只能采摘一次，但是绿茶的采摘轮次很多地方可以三次以上。

　　六大茶类中，黄茶的制作工艺在明代始有记载。黑茶一词第一

绿茶是六大茶类中面积最广、产量最大的茶类

茶季采茶工上山采茶

次出现在记载中是明嘉靖三年。红茶诞生于明末清初的桐木村。乌龙茶的制作技艺最早可追溯到清初。白茶是最初始的茶叶储存利用方式——干燥后直接散装收纳，但是论对茶叶风味追求的初始，那就数绿茶了。

绿茶最早形成于什么时期并无详尽的历史记载，但是早在唐代就已经十分成熟。茶圣陆羽的《茶经·三之造》，对当时茶的制作做了详细记录："晴，采之、蒸之、捣之、拍之、焙之、穿之、封之、茶之干矣。"那时候主流制作的是蒸青绿茶团饼茶：天晴的时候采摘回来，蒸汽杀青，"捣"类似于我们今天"揉捻"，"拍"即塑形成饼，焙干然后穿起来密封保存。

同时，唐代蒸青团饼的大氛围下炒青绿茶开始萌芽。唐代刘禹锡《西山兰若试茶歌》："山僧后檐茶数丛，春来映竹抽新茸。宛然为客振衣起，自傍芳丛摘鹰嘴。斯须炒成满室香……新芽连拳半未舒，自摘至煎俄顷余。"（山僧的屋后有数丛茶，春天的时候抽出的新芽毛茸茸地映着竹林特别好看。诗人到了，僧人十分开心，挽起衣袖亲自采摘茶芽，一小会儿茶就炒成而且满室生香……芽叶细嫩，从采摘到喝上一会就完成了。）这首诗中对于茶叶制作过程的描述是迄今为止发现的、关于炒青绿茶的最早记述——采摘、杀青至干燥一气呵成。

宋代是主流的蒸青团饼茶发展到极致的时期。采摘上不仅仅是"晴采之"（晴天采）而是要"撷茶以黎明，见日则止"（一定是黎明采茶，太阳出来就停止），而且采摘手法也极致讲究，用指甲掐断，不能用手指揉捏，怕有汗气沾染，损失了茶的鲜洁。当时的茶工会随身携带新汲的泉水，采得了茶芽就投入水中。在采摘原料上分级更加细致："凡芽如雀舌谷粒者为斗品，一枪一旗为拣芽，一枪二旗为次之，余斯为下茶"。制作过程也更精良，仅压饼的环节，就发明出了各种花样，最著名的就是龙团凤饼。

唐代和宋代，主流是团饼茶，散茶也小面积的存在。陆羽的《茶经·六之饮》中说："饮有粗茶、散茶、末茶、饼茶者。"《宋史·食货志》载："茶有两类，曰片茶，曰散茶。片茶……有龙凤、石乳、白乳之类十二等……散茶出淮南归州、江南荆湖，有龙溪、雨前、雨后……"

元以后散茶继续发展，到明代因为团饼茶的制作耗时耗力以及人们对茶的认知增加，散茶开始代替团饼茶。促成这一重大转折的是明太祖朱元璋，他于洪武二十四年（1391 年）下诏令废除团饼茶兴散茶。同时在明代炒青绿茶日臻完善，在大量的文献里有关于炒青茶的记述，比如张源的《茶录》、许次纾的《茶疏》、罗廪的《茶解》，文徵明的曾孙文震亨的《长物志》记载了当时有名的炒青绿茶："'虎丘'，最号精绝，为天下冠；'天池'出龙池一带者佳；'岕'，浙江长兴者佳；'龙井'、'天目'……采焙得法，亦可与'天池'并；'松萝'，山中仅有一二家炒法甚精，近有山僧手焙者，更妙……"

西湖龙井 梅家坞核心产区

到了清代，主流的还是绿茶。红茶主要出口，乌龙茶也是供给当地以及出口，黑茶大部分边销，黄茶、白茶势微，绿茶则百花齐放。很多知名的绿茶从清代开始大放异彩：碧螺春于康熙年间开始闻名，西湖龙井于乾隆年间开始坐上了中国绿茶头把交椅，黄山毛峰、太平猴魁、恩施玉露等开始定型并广为流传，各地方的绿茶也纷纷登上历史舞台服务当地以及周边群众。

现如今，在中国的土地上只要有茶树的地方就出产绿茶，从最南端的海南岛到山东青岛，从最东的江浙到最西的藏南……有名的绿茶，每年的春天变成大家追逐的佳茗。而那些籍籍无名的绿茶，随着城市化大量人口进城，茶园被大量的荒废。这些茶园从广东、广西到湖南、湖北，从贵州、江西到重庆、陕南……

西湖龙井

————

江南春早，当东北的大地还是一片冰封，北京的人们刚脱下棉衣，江南的春就温温软软地来了。南北朝的陆凯托驿站的使者给北方的挚友折了一枝花说"江南无所有，聊赠一枝春"，陆凯用一枝花给北方的挚友带去春的问候，西湖龙井用一抹新绿告诉人们万物初萌的信息。

从柳条儿遥看出绿意，爱茶的人就开始打听着西湖龙井的消息，朋友圈里鱼龙混杂的"西湖龙井"早早地上了市：有温暖地区的乌牛早，也有其他地区种植、制作的龙井，而本尊总是姗姗来迟——核心产区的杭州西湖龙井每年大概都要3月15日之后才能陆续上市。

"橘生淮南则为橘，生于淮北则为枳。"水土、气候、小微环境可以让东北的大米迥异于南方的大米，烟台的红富士又大又甜，新疆的葡萄闻名中外，核心产区的西湖龙井也最具风味。

西湖龙井 43 号（细长挺秀匀齐）

西湖龙井是地理标志性产品，核心产区为浙江省杭州市西湖地区的狮峰山、梅家坞、龙井村、满觉陇、杨梅岭、虎跑泉以及云栖地区。其中狮峰山是西湖龙井的原生地以及十八棵御树的所在地，所以该地产的龙井在核心产区中地位最高，价格也最高。

形成成品茶独特风味的因素除了产区水土、气候以外，最重要的是茶树品种——不同的茶树品种之间有很大的区别。比如同样是萝卜，有白萝卜和胡萝卜之别，白萝卜里还有"心里美"和沙窝萝卜的细分。

制作西湖龙井的主要茶树品种有龙井群体种（老品种）、龙

西湖龙井老茶篷（群体种）鲜叶

井 43 号、龙井长叶等。其中龙井 43 号是从龙井群体种（老品种）中定向培育而来的，相较于群体种有发芽早、长势旺、育芽率高、产量高的优点，在产区广泛种植。一般最早采摘的也是龙井 43 号（阳历 3 月 15 日之后），而龙井群体种要晚十天以上。

西湖龙井这姗姗来迟却万众期盼的花魁地位，不是朝夕间的速成，而是经过了千年时间的验证。

唐宋时期虽未见龙井之名，但是关于此地区出产的好茶，在唐代就登名在册，在宋代已成为岁贡。唐代陆羽的《茶经》"八之出"中有"钱塘生天竺、灵隐二寺"的记载。南宋《咸淳临安志》

中有记载："岁贡，见旧志载，钱塘宝云庵产者名'宝云茶'，下天竺香林洞产者名'香林茶'，上天竺白云峰产者名'白云茶'。"《淳祐临安志》记载："白云峰，上天竺山后最高处，谓之白云峰，于是寺僧建堂其下，谓之白云堂。山中出茶，因谓之白云茶。"

元代以后，龙井一代所产的茶开始出名，虞集在《次邓文原游龙井》中这样描述在龙井饮茶："但见瓢中清，翠影落群岫。烹煎黄金芽，不取谷雨后，同来二三子，三咽不忍漱。"林右在《龙井志序》中说："龙井距钱塘十余里，山水靓深，宋辩才法师行道处也……钱塘虽多胜刹，至语清迹，必曰龙井，凡东西游者，不之龙井，必以为恨。"

明代龙井一带所产茶已颇负盛名。高濂说："西湖之泉，以虎跑为最。两山之茶，以龙井为佳。谷雨前，采茶旋焙，时激虎跑泉烹享，香清味冽，凉沁诗脾。每春当高卧山中，沉酣新茗一月。"《茶泉论》中说："（龙井茶）山中仅一二家，炒法甚精。近有山僧焙者方妙。而龙井之山，不过十数亩。"《浙江通志》中记载："杭郡诸茶，总不及龙井之产。而雨前取一旗一枪，尤为珍品。"

与此同时不少文人墨客也留下了大量的龙井茶诗。陈眉公《试茶》："龙井源头问子瞻，我亦生来半近禅。泉从石出情宜冽，山自峰出味更圆。"童汉臣《龙井试茶》："水汲龙脑液，茶烹雀舌春。因之消酩酊，兼以玩嶙峋。"孙一元《饮龙井》："眼底闲云

西湖龙井手工杀青

乱不收，偶随麋鹿入云来。平生于物原无取，消受山中水一杯。"

清代龙井茶声名鹊起。乾隆六次下江南，数次造访杭州，第一次南巡为龙井作《观采茶作歌》，第二次南巡又作《观采茶作歌》"敝衣粝粮曾不敷，龙团凤饼真无味"，第三次南巡又作《坐龙井上烹茶偶成》："龙井新茶龙井泉，一家风味称烹煎。寸芽生自烂石上，时节焙成谷雨前。何必团凤夸御茗，聊因雀舌润心莲。呼之欲出辨才在，笑我依然文字禅。"第四次南巡又作《再游龙井作》……

为了探寻这引得乾隆痴迷的人间至味，我从梅家坞找到满觉陇，从杨梅岭找到翁家山，从普通茶农问到西湖龙井炒茶大师，从龙井43号寻到老树老品种龙井……

43号外形匀齐，老品种因为是群体种外形略参差；43号香高味醇，老品种层次丰富如西湖周围如黛层叠的远山。若是得了老树（茶树年龄大）的老品种龙井，新汲来虎跑泉的泉水，满觉陇的桂花树下得知味之人对饮，抑或是独酌对青山，都可得山水浩然之气。如果你一味地追求明前茶的早，就要跟这人间知味错过了。

乾隆第一次南巡为龙井作的《观采茶作歌》中说："火前嫩，火后老，惟有骑火品最好。"且不说老树的老品种龙井头采的时间本就晚，单就明前茶来说，过早的明前茶，茶叶鲜爽有余，而味不足。

聚光灯下，必有阴影。在产区看见很多茶农为了抢先上市，采摘雨水青（质量不好）；更见到了许多人为了早上市在制作工艺上偷工减料；还曾见有人拿别的地方种植、制作的龙井茶当核心产区茶卖。一切皆因它的盛名、旺盛市场需求以及买家贪便宜的心。近几年，核心产区的明前龙井茶价格都在 2000 元／斤以上，狮峰山和老树老品种龙井价格还要更贵。若是你想在此价格以下买到核心产区的明前西湖龙井，赔本儿的事儿哪个愿意。

老茶篷

安吉白茶

———

中国人对于鲜味的追求始于讲究时令：春天有新鲜的荠菜，夏天有上市的瓜果，秋天有应季的莲藕，冬天的北方有大白菜还有萝卜。为了鲜中求鲜，我们思索出各种做法：凉拌、白灼、清蒸等。再后来就有品种的极致追求：大白菜鲜嫩里有了娃娃菜，白萝卜鲜爽中有了沙窝萝卜……

茶中之鲜莫过于每年春天的一杯新绿。为了及时锁住鲜味，祖先们想出了蒸汽杀青、锅炒杀青等方法，用高温迅速钝化掉荼青鲜叶中的活性酶，终止茶的继续氧化，让茶保持着清鲜的味道。而对茶之鲜的极致追求，成就了没有历史、没有故事、颜值也不算特别的安吉白茶。

安吉白茶，并非历史名茶，产自浙江省天目山北麓的安吉县，创始于1980年。20世纪70年代安吉白茶祖母树于竹林之中被科技人员发现，后无性繁育成"白叶一号"良种茶苗，并经浙江省品种认定委员会认定为省级良种。从 20 世纪 80 年代开始在当地逐步推广种植，2000 年以后在渐成规模。

有很多资料套用宋徽宗《大观茶论》中的"白茶篇"，说安吉白茶始自宋代。但找来原文仔细看，《大观茶论》中说的白叶品种在福建而不是安吉。或者我们应该更严谨讲，类似安吉白茶的白叶品种早在《大观茶论》中就有记述。以"白叶一号"为代表的白叶品种，是一种温度灵敏性突变品种，温度低于二十五摄氏度时，叶绿体形成受抑制，芽叶仅见叶脉两侧呈绿色，其余部分黄绿色。温度高于二十五摄氏度时，叶绿体逐步恢复。安吉白茶的采摘标准为玉白色的一芽一叶初展至一芽两叶。

论颜值，绿茶中有扁平、光滑、剑片状的"绿茶皇后"——西湖龙井；弯曲成螺、娇俏可人的碧螺春；根根仁立，独芽挺秀，获得过最美绿茶之称的竹叶青；平扁挺直、不走寻常路的太平猴魁。安吉白茶在绿茶里数不上漂亮和特别。

短短几年中，让安吉白茶声名鹊起，横扫大江南北的是一个"鲜"字。茶中之鲜，源于氨基酸，氨基酸的含量除了受土壤、海拔等外在因素影响之外，茶树品种起了决定性的作用。用来制作安吉白茶的白叶品种，平均氨基酸含量高达 6.5% 以上，茶多酚（主要呈味是苦涩）的含量相较于其他茶树品种低很多，这种高氨酚比的品种，造就了安吉白茶鲜美无比、久泡不易苦涩的特点。

安吉白茶火了，于是常常有这样的对话：

安吉当地大面积种植安吉白茶

安吉白茶采摘场景

安吉白茶春蕊

　　"您喜欢喝什么茶？"

　　"白茶。"

　　"白毫银针、白牡丹、贡眉寿眉？"

　　"安吉白茶。"

　　安吉白茶因其特殊白叶品种得了白茶之名，但在六大茶类中属于绿茶。六大茶类的划归依据制作工艺和颜色，白茶是不炒不揉的茶类，安吉白茶是标准的烘青绿茶：需要经过采摘、摊凉、杀青、揉捻、烘干等绿茶的制作流程。

　　走访安吉，列入安吉白茶茶园重点保护区的有九个乡镇／街道，核心保护区的有六个乡镇／街道，天荒坪镇大溪村为唯一一个永久保护区。大溪村之所以被列为永久保护区，除了是安吉白茶的发源地之外，生态环境也是所有产区内最优的。

驱车往大溪村走，官方开园日还没有到，低山部的安吉白茶已经有人开始零星采摘。山路蜿蜒，山下晴好，山中却是雾气氤氲，连路边的桃花都湿漉漉的。盘旋而上，气温越来越低，虽已是三月下旬，当天山上的温度估计近零度。停车路边，我从后备箱里取出备用的长羽绒服套上，听山间水流潺潺，一阵风吹过，不禁跟路边的竹林松海一起打个寒战。

再也见不到低山部梯田样的连片茶园，偶见茶树一丛丛生于乱石之中，或者竹林之下。"这就是陆羽在《茶经》中说的茶'上者生烂石'以及'阳崖阴林'。"对于茶，第一位的永远是生态。一路向上，天空竟然飘起了小雪，高山区的茶树丝毫没有发芽的迹象，高山云雾出好茶。"这高山区的安吉白茶估计要四月八号左右才能上市"，"幸好你的学生们都懂，大部分茶客都是等不及的呀。"做茶的同伴叹道。"没办法，在绿茶都抢早，抢新的大氛围下，好茶永远只能留给真正懂它的人，也希望有一天，越来越多的人能够懂。"

北京的海棠花儿开的时候，友来看我，碗泡高山安吉白茶相待。分一杯茶给她，一起对看这莺莺燕燕的春。手中的这杯茶至简至清至洁、至甜至鲜至美，"这满春的热闹跟这杯茶相比一下子变得热闹而粗俗了，"友说，"它本是远在深山的仙草，虽为春生，从不屑争。"我答。

被遗忘的荒野茶

陆羽说"茶者，南方嘉木也"，自唐代开始，在我国温暖湿润的南方地区，均有茶叶出产。

这些年的寻茶路，从湖南到安徽，从江西到湖北，从四川到广西，从广东到贵州，从福建到浙江，从云南到重庆……为遍访知名茶区而出发，却意外地收获了一片片被人遗忘甚至遗弃了的荒野茶。在一些外人很少听及的地方，它们或与藤蔓杂生，或与荒草为邻，野蛮地疯长，荒了的是一段段曾经。

"后山都是茶叶，我小时候还随爷爷奶奶上山采一些回来炒点绿茶喝，现在是没人管更没人采，荒了好久咯，我们这茶叶没啥名气，卖不上价也没人要。"这是我常听到的话，哪里的茶有名哪里的茶没有名气，向来是一朝天子一朝臣的变迁：唐代贡茶顾渚紫笋，明代首屈一指的名茶休宁松萝，到如今还不是一样湮没在了历史中。

"计划经济的时候，茶叶是主要的出口创外汇商品之一，很

多地方都在大力发展茶叶种植，当时我们这就种了很多茶树。改革开放以后，大家就跑出去赚钱了，刚开始村里还有几个人做茶，1990 年以后就很少有人做了。做茶没得钱赚，索性都去城里打工了。"在湖南，带我们进山的小周说出了一部分荒野茶的故事，之前的很多年我们在脱贫致富的路上，都投入赚钱更快的工业化中。

"广东、广西与湖南交界的国有农林场里，那边有很多没有人管的野生茶树。"广东有野生茶树？听闻消息，我们左打听右询问地寻到了这个地方。上山的最后几公里没有路，我们随着农林场的向导骑摩托加徒步才辗转到了林场中。这片国营的农林场平均海拔一千二百米左右，属于五岭之中的萌渚岭，万亩的林场中稀稀落落的有很多茶树，有一些植株高达三米。

从茶树的性状判断，这是荒野茶，不是野生茶——虽说中国是世界茶树的起源地，但是茶叶科学知识普及得还是不够，普通民众甚至很多资深茶人都经常混淆这两个概念。从茶树种质资源和进化的角度来说，茶树分为野生型、过渡型和栽培型。野生茶树是栽培型茶树的祖先，在性状和结构上跟栽培型茶树有区别（打个不恰当的比喻，二者的关系类似野猪和家猪）。荒野茶是指前人种植但是由于各种原因被荒废的茶园。

查找当地关于茶的资料，寻找这些茶的历史。我们在当地的地方县志里找到关于当地茶叶的记述："连山茶叶于清初已驰名省城，常有客商进山设厂加工，全盛时期有茶厂七十余间，生产茶叶

荒野茶树新梢

几千担，运至省城销售，或转省外、国外。有称赞连山茶叶的诗歌：'连山山宜茶，伯仲鄂与湘……藉以洗瘟瘴。昔闻不胫走，远来西域商。春风二三月，归路盈筐筐'。"

像这片茶一样，名垂青史的历史名茶之外，自古以来，中国还有很多地方性的茶品，不供皇族贵胄而是服务于一方百姓。

我们找到了农林场的负责人询问这些茶树的状况。"农林场里的两千亩茶树，大部分是 20 世纪 60 年代知青下乡的时候种的。那时候广州等地的知青下乡到我们这里，当时种的有水仙、黄金桂还有浙江的小叶种什么的，都是有记录的。走，我带你们去看一下当年知青住的房子。"

　　茫茫林场的一小块空地上，经过近六十年的风雨，当年知青住的简陋房子只剩下了残垣断壁。"知青返城以后就没有人打理了，茶树和房子就这么一起荒了。"林场里旧时的古道长了厚厚的苔，茶树躲在林场里恣意地生长，张牙舞爪的没有茶园茶那乖顺的模样。这被动的荒野，大概是上天的眷顾，躲过了名利，也逃过了过度采摘的噩运。

　　茶圣陆羽在唐代写成《茶经》，主要的目的就是教大家认知茶和喝茶。在开篇的"一之源"中讲茶的品质"野者上、园者次"，就是告诉大家，生于荒野野蛮生长的要优于茶园里人为管理的茶，最好是"阳崖阴林"——生于向阳的山崖，有树林覆盖之上。如今，这些被人忽视的荒野茶才是有待人识的极品好茶。

　　与农林场签下了五十年的承包协议，共同约定不破坏森林植被，不过度采摘、管理，在力所能及的情况下保护这片难得的茶园不被过多开发。今年采摘制作而成的少量绿茶，享与圈内好友。资深茶人品鉴后叹实属茶中极品、当下难觅，写茶评如下："从第一道茶汤开始，那香甜立刻在口腔中迅速扩散，且久久持续。喝第二、三道茶汤，厚重的茶气凸显，有雄奇的青山在雨中的挺拔之感。当喝到第四、五道，茶汤开始软顺下来，但是味道中架构仍然很明朗，丰富，犹如雨后阳光的晒在原野上。喝到第六、七道茶汤，那味如青山隐约于暮色。喝到第十一、十二道，便是'笙歌归院落，灯花下楼台'了，虽然淡淡，但其余音不绝。"

红茶

这三个国家作为红茶主产国的地位都是英国一手缔造的。国际上的红茶的主产国还有印度、斯里兰卡、肯尼亚，中国是红茶的故乡，

云南野生

古树红茶

———

　　临沧的秋天来了就不想走，喜欢跟临沧的师傅一起地毯式地跑山，从永德跑到凤庆，从勐库跑到沧源……我们调查茶树、茶种，跟茶农们到澜沧江钓鱼，在野外的空地上生火做饭……当然不忘记搜罗好茶，寻几片上好的古茶园。

　　雨中探山，寨子里的老茶农说，后山上有几棵超级大茶树。"子一，平时怎不见你喝红茶？"在前面寻路的师傅忽然转过头来问我。"对国内外的知名红茶都有深度涉猎，几大主产区也经常跑，虽说作为茶道老师要有一颗平等心，但是暗地里，我还是有点不喜欢红茶。红茶对于我来说太过乖巧，就如被宫廷规矩调教出的公主，或者三从四德束缚下的大家闺秀，甜美中正、四平八稳、不偏不倚但有时候总觉得缺点生趣。我宁愿它是桀骜不驯的世俗里的不完美，却有十足的生命震撼。""那就是还没找到你喜欢的那一款，山下的兄弟春天做了些新尝试，一起去喝喝看。"

野生古茶树

野生古熟茶茶汤

　　师傅说的小兄弟姓耿，是个 80 后，戴着副眼镜颇像个书生。
"今年用了好几个地方的原料做了尝试，就是想看看这些地方的原
料做出红茶是什么样。"耿师兄边从箱子里拿茶出来边说，箱子上
有他用大头笔做的标记：勐库大雪山野生古树红茶，小户赛古树红
茶，凤庆野生古树红茶。

　　"其实，早以前普洱不受市场认可的时候，临沧地区就只有
凤庆滇红有出路，山上的茶农尝试做红茶去卖，因为外形没有台地

野生古树茶干茶

茶好看，当时也卖不了几个钱。后来普洱茶受到大家的欢迎，就没有人再做红茶了。"耿师兄端坐在茶台面前温杯洁具，"我就是好奇，这些茶树，做普洱茶好喝，做成红茶该是什么味道。"

经常听到大家聊天中会说："这是普洱树做的红茶，或者这是普洱树做的白茶，或者这是岩茶树做的红茶，单丛树做的绿茶，白茶树做的红茶……"其实这样的说法是不对的，没有一种树叫普洱树、红茶树、白茶树、绿茶树、岩茶树、单丛树……一棵茶树的茶青原料可以用不同的工艺做出红茶、绿茶、白茶、乌龙茶、黑茶……换句话说，六大茶类是根据制作工艺划分的。

面前的茶则里是勐库大雪山的野生古树红茶，按照传统红茶的审美，这个红茶确实算不上好看：不显毫、不露芽，条索乌黑油亮但不匀齐，偶见红色的芽孢片，"野生茶没办法像台地茶那样统一管理，所以就没那么匀齐好看。"

闻干茶香。师父闻完，颇有深意地把盖碗递到我跟前，示意我赶紧闻。轻轻掀开盖碗，超乎预期的浓郁香气扑了过来，深深地嗅闻，这香气里有浓浓的花果香带着那片原始森林的气息，"之前只喝过勐库大雪山的野生古树生普，没想到做成红茶也这么惊艳。"

耿师兄笑笑，分完茶，做了个请喝茶的手势。轻酌一口，茶汤细腻柔滑、果香充盈。停杯欲语，口腔里久久地萦绕着原始森林里的花蜜香，香的不甜腻，带着野野的气息。"我现在说话都是香的，这吐气幽兰的感觉跟它的生普如出一辙。"

"做完了我就开始试喝，也觉得特别惊艳，"耿师兄续上水跟我们交流，"做了这么多实验，得出的结论就是，茶好不好喝，茶树本身及其生长环境最重要。不同的制作工艺会带来一定的风味改变，但是底子、韵味是不会变的……"是啊，底子最重要，茶如此菜亦如是，只要食材好，无论煎炸闷炒还是炖，都会有绝佳的好味道。而人，只要基础素养在，无论做什么都会做得很好。

茶喝到第十泡，香、汤、韵仍然不减，红茶里能有这个耐泡度，实属不易。耐泡度是检验一款茶内质的重要标准，这关乎茶树本身的质地、生长环境以及有无过度采摘。内质不足的茶，两到三泡，它的好，就一览无余，便也就看完、无趣了；内质充足的茶就如同博学多才、静水深流的人，每一泡都是质地饱满的惊喜，便也对下一泡充满无限期待。

那年，我把师兄做的那批勐库大雪山的野生古树红茶背回了北京，两天的时间就被同学们抢完了。这几年市面上越来越多的野生红茶冒了出来，但实际却顶多是野放茶。所以有必要把这个知识点教给大家，有助于大家分辨。

从茶树的综合性状上分，茶树分为野生型、过渡型和栽培型。其中野生型茶树是过渡性栽培型茶树的祖先。其中现在绝大多数茶区种植的茶树品种都属于栽培型，比如西湖龙井、碧螺春、太平猴魁、铁观音、大红袍、水仙、肉桂……举个不恰当的例子，野生型茶树好比古猿人，过渡型茶树好比北京山顶洞人，栽培型茶树就好比现在的我们（按照人种又划分成蒙古人种、欧罗巴人种、澳大利亚人种和尼格罗人种）。

野生茶树在性状、组织结构和花、果实、种子等方面跟栽培型茶树都不一样。野生茶树在自然进化的过程中不同品种和产区间又有很大的不同，制成成品茶后有些表现惊艳，很多却苦涩难咽。目前在云南比较著名的两片野生茶区一个是在临沧，还有一片是在无量山深处的千家寨地区。

　　从茶园的管理模式上讲，茶树可以分为野放茶（荒野茶）和茶园茶。所谓野放茶就是长久无人为管理或者荒废的早期种植的茶。野放茶和茶园茶都属于栽培型茶树。

野生茶鲜叶

武夷山与红茶中国

关于茶，最有贡献的一方水土叫武夷山，六大茶类中，乌龙茶和红茶的制作技艺都发源于这里。当代茶界泰斗张天福说："我国的乌龙茶最早起源于武夷山，尔后传至闽南的安溪县，再传到广东和台湾。"红茶就发源于武夷山深处的桐木村。

曾经很好奇，为什么偏偏是这方水土发源了六个茶类中的两类，是历史的巧合，地理的特殊还是位置的必然？走过国内外的众多茶区后回头看，核心的密码是这里的人民。

去过曾经辉煌了二十多年，一度风靡了大江南北的铁观音产区。也用脚步丈量过很多西湖龙井等众多知名绿茶产区。这些年风头真劲的云南更是我经常回的另一个家，很多地方的茶农，买豪车、建房子，茶季过后就打牌、搓麻将。只有武夷山茶区的人茶季过后满世界学习——从制茶、做茶到营销、推广，从行茶、泡茶到茶席设计，从茶、花、香、琴到书法、摄影和绘画或者干脆请老师

们来武夷山开班授课。

走在其他茶区，三年不见的茶农还是那个茶农，关于制茶、做茶仍然是自己的旧做法，说不上所以然也不知道为什么，对于品茶和泡茶仍然是粗放着大把抓。走在武夷山，制茶师父可以很专业跟你讲解制茶的每个工序，每家每户都有专业的茶室或者茶空间，有丝竹雅乐、有插花焚香。关于泡茶、品茶和鉴茶，穿着茶服的小姐姐会在一招一式里专业地与你细细分享。武夷山是所有茶区里自有企业和品牌最多的。所有的企业都在钻研创新和发展，从茶树品种培育、制茶工艺精进到茶文化的延展……

勤奋、学习、努力和精进这是流淌在武夷山人血液里的基因。我们回到红茶诞生的那个大时代。明代朱元璋废团兴散，对于向来以出产团饼茶闻名的武夷山其实是个打击，但是不屈不挠的武夷山人找到了解决的办法——开始学习最热门的松萝茶制作炒青绿茶，而且还很成功。明朝后期《武夷山志》有记载，"余试采少许，制以松萝法，汲虎啸岩下语儿泉烹之"，明末清初周亮工在《闽小记》中记载，在当时"崇安县令招黄山僧以松萝法制建茶，堪并驾"，在明后期"武夷之名，甲于海内"。

明末清初正值茶季，北方军队路过桐木庙湾时驻扎在茶厂里，等官兵走后，茶厂的老板才发现官兵们睡在了采摘下来没有及时制作的茶青上，赶紧进行抢救。过红锅后揉捻，为了防止茶叶沾染了人身上的气味，赶紧用山上的马尾松熏焙干燥。因为当地一直习惯饮用绿茶，所以茶做完之后只好担到距离庙湾四十五公里之外的星村茶市去卖，没想到第二年便有人出两到三倍的价钱订购该茶，于是桐木人就把工艺研究成熟并固定下来，红茶越做越旺。

这是红茶诞生的故事，也是红茶鼻祖正山小种诞生的故事。如果情境换给了其他地区，也许结果就会完全不一样，更大的可能是既然茶青坏掉，那就索性认栽，直接处理掉，断然不会想这么多办法还多跑来回九十公里。

由于国外对红茶的旺盛需求，清雍正年间《片刻余闲集》中就有记载福建省内周围地区以及江西各地开始生产制作红茶，并当桐木的小种红茶私售于崇安星村的市场上："山之第九曲有星村镇，为行家荟萃聚所，外有本省邵武，江西广信等处所产制茶，黑色红汤，土名江西乌，皆私售于星村各行。""正山小种"之名的"正山"二字就冠于此时，以区别于这些茶类。

其后外商源源不断的需求刺激了其他地区红茶的诞生。1843年湖南《巴陵县志》中有了当地生产红茶的记载，"与外洋通商后，广人每携重金来制红茶"；1857年《安化县志》中有"知县厘定红茶章程"的记述；1850年湖北《崇阳县志》中有记载"粤商买茶……外外洋卖之，名红茶"；武夷山隔壁的江西宁红工夫在道光年间已经很十分出名，《义宁州志》中记载"宁茶名益著"；清末祁红工夫诞生。

翻开红茶的历史我们不难发现，红茶长久以来是外销产品。

制作正山小种（松烟香）的青楼内部——青楼共三层，此为萎凋用的第三层，松烟通过木板和竹篾的空隙透上来

正山小种采摘

桐木村是世界红茶的发源地

为了适应国外人的饮茶习惯，红茶大都红浓苦涩、选料不精、外形短碎、发酵较重，就造成了长久以来中国产红茶但是红茶饮用人口和饮用量极少的现象，改变这个状况的还是武夷山的桐木人。

2005 年金骏眉在桐木村的诞生，打开了红茶的国内市场，掀开了红茶发展的新篇章。金骏眉秀美的外形以及泡开后根根挺立的姿态再次刷新了国人对红茶的认识。另外桐木人在制作金骏眉时进行了工艺革新，对照传统红茶的制作，降低了发酵度，制成的红茶汤色呈色拉油色，蜜香带花甜香，甘甜醇美，"清、香、甜、爽"更符合国人清饮的饮茶习惯。一时间全国各地的茶农和生产厂家像当年仿制正山小种一样，纷纷仿制金骏眉，同时也把金骏眉的生产工艺复制和应用到其他红茶的生产之中，由此撬动了红茶的国内需求。

2005 年北京的茶叶市场上，经营红茶的并没有几家，那时候大家杯中的几乎都是绿茶、铁观音。2019 年中秋，我们替几个集团公司定制礼品茶，清单上有一半是红茶。整理资料时看到茶叶流通协会数据，2018 年红茶的国内市场消费量增至 18.91 万吨，这功劳一半是武夷人的。

红茶国际

———

　　老爹爱喝茶，子侄辈们都知道，平日里，哪个得了好茶都会给他留一罐。前日，堂姐去斯里兰卡旅游，念着老爹好这一口，给老爹背回来锡兰红茶——罐子花花绿绿的很可爱。老爹开心地拆开看，"这是啥玩意儿，怎么都是碎的？"老爹的眉毛一皱，再打开另一罐，"怎么跟虫屎一样，这能喝么？"晚上回来茶都不见了，老爷子说："那些茶都是老外骗人的。"茶就这样都被他转手送给了隔壁爱煮茶叶蛋的大妈。

　　茶之于中国人是几千年的文化和流淌于血液里的基因，茶之于国外人仅仅是17世纪开始才逐渐流行起来的世界三大饮料之一。单就外形而言，国内与国外的认知就有很大的区别。

　　自宋代《大观茶论》"凡芽如雀舌谷粒者为斗品，一枪一旗为拣芽，一枪二旗为次之，余斯为下茶"起，中国人对于茶叶外形的重视就已经固定和成熟，时至今日在国内通行的茶叶审评方法中，

国外红茶的使用场景中，袋泡茶很常见

八因子中有四因子是关于茶叶的外形：条索、色泽、整碎、净度。在中国，茶之美首先在形之美：条索或根根挺秀或弯曲呈螺——要好看，色泽或金黄或翠绿或红褐——要漂亮，外形不能碎、不能断——要完整，要无梗、无黄、无异杂——净度高。至于那些碎的，一定是等级最低、最便宜的茶，所以在国内，没有人会拿碎茶送人的。

在国外，红茶的饮用方法与国内不同，基本是大壶闷泡。相对于漂亮的外形，外国人更注重茶泡起来的方便性和稳定性，所以在茶叶加工上就有了为了茶叶物质更快溶出的切碎茶。在具体冲泡中，相较于尺寸较大的茶叶，越细小的茶茶汤物质和香气析出得越快。如果大小叶混合，冲泡的方法就无定规可寻，所以为了方便冲泡，茶叶在出厂之前，根据茶叶的尺寸和形状进行筛分，因此也就诞生了国际红茶的一个分类体系：OP、BOP、BOPF、CTC……

中国是红茶的故乡，国际上的红茶的主产国还有印度、斯里兰卡、肯尼亚，这三个国家作为红茶主产国的地位都是英国一手缔造的。

1516年葡萄牙人第一次经马六甲海峡到达了中国，跨越印度洋和大西洋的东西方贸易就此拉开了序幕。1610年荷兰人将中国的茶叶传入欧洲，随后来自中国的茶叶变成了东西方贸易的主要商品和获利点。印度茶叶的真正兴起要从1833年算起：1833年东印度公司与中国的茶叶采购合约到期，中方拒签，当时的英属东印度公司为了保障在茶叶上的利益开始推动印度茶叶的种植和制作。在之后的时间内，随着中国逐步陷入战争，印度超越中国变成世界红茶的第一输出国。

斯里兰卡大面积种植茶叶的开始，源自一场咖啡的树叶病。在斯里兰卡大面积种植茶叶之前，英国人在斯里兰卡种满了咖啡，那时候只有零星的茶园。1869 年全岛的咖啡树开始受到病害袭击，咖啡树纷纷死亡，斯里兰卡的英国庄园主才被迫全部改种了茶叶。

肯尼亚的茶叶种植是从二战后开始的，二战后印度和斯里兰卡相继独立。为了稳固茶叶的供应，英国人把茶带到了肯尼亚，由于肯尼亚靠近赤道，茶叶四季可以采摘，所以很多年份茶叶的出口量可以排到世界第一。

爱生活的老滕，自从上完红茶课以后就琢磨着拿自己家的红茶也做个奶茶，但是总做不出阿萨姆奶茶的味道。"白老师，你说这是为什么呢？""那是因为你家的茶太好喝啦。"国外用来调饮奶茶的常会用到阿萨姆地区、肯尼亚地区或者斯里兰卡低海拔地区的红茶。这些地区的很多茶品由于地理位置以及采摘次数的影响，茶味浓涩，没办法清饮（单独饮用），但是用来调饮奶茶就刚好合适。我们国内的红茶无论滇红、英德红茶、金骏眉、川红……从采摘标准到制茶工艺都是适应国人千百年来的饮茶习惯——清饮的。

茶之为饮，在我国经历了从调饮到清饮的转变。三国时期"荆巴间采茶做饼，成以米膏出之……用葱姜芼之"，到唐中期陆羽倡

国外轻发酵度红茶茶汤

国外红茶常用各地区的原料进行拼配

导清饮之时，民间的习俗仍然是"用葱、姜、枣、橘皮、茱萸、薄荷之等，煮之百沸，或扬令华，或煮去沫"，陆羽觉得"斯沟渠间弃水耳"，所以提倡茶要清饮。

宋代流传下来的最有影响力的两本茶书——宋徽宗的《大观茶论》和蔡襄的《茶录》中，关于饮茶之道再一次强调了清饮。宋徽宗说"茶有真味，非龙麝可拟……入盏则馨香四达，秋爽洒然"，蔡襄说"茶有真香……建安民间试茶皆不入香，恐夺其真。若烹点之际，又杂珍果香草，其夺益甚，正当不用……"

到明代，不论是黄龙德的《茶说》、许次纾的《茶疏》还是朱权的《茶谱》中对当时饮茶的记述，饮茶方式都已经与现今无二——即为清饮了。

现如今国外红茶的饮用方式也不尽然都是调饮，比如大吉岭地区很多名庄园的茶都以清饮为主，只是适合清饮的茶有个共性：柔和细腻、茶香甜醇、回味隽永，当然能体味个中美妙的，都是知味之人。

黑茶

因为主要供给少数民族地区的居民日常饮用。

黑砖、花砖、茯砖和花卷茶这些边销茶，

安化黑茶

———

　　若不是当年执意走近，我肯定如你一样，对安化黑茶有很深的误解。如今，我会告诉你，我时常会想念安化，那山、那水、那城、那茶。

　　那年，我告诉身边的人，我要去安化，友说："安化黑茶，那种便宜茶的低档你又不做，去干吗？"这是大部分人对于安化黑茶的印象，粗老、低档、便宜，可是我想告诉你，安化黑茶除了有边销茶，还有曾经的贡茶。

　　清道光五年（1825 年），道光皇帝把重臣陶澍所奉贡的高等级安化黑茶赐名"天尖茶"，列为清皇帝用茶，朝廷重臣喝的称为"贡尖"，一般官员喝的称为"生尖"。此"三尖"产品是于谷雨前后采摘，精细加工后筛分成不同等级，用篾篓盛装。

　　早在"三尖"茶被列为贡茶之前，明洪武二十三年（1390 年）朝廷额派贡茶，每岁贡芽茶二十二斤（合现在十三千克），以"四

茯砖内部有很多金花

保贡茶"列入"保贡卷宗"史册（在安化大桥、仙溪、九龙、龙溪"四保"监督采制为"四保贡茶"）。明万历二十三年（1595年）安化黑茶被朝廷定为官茶。

诚然，除了"三尖"茶之外，安化黑茶还有大家比较熟悉的边销茶类：黑砖、花砖、茯砖和花卷茶（因最初重量有旧秤一千两，所以又叫千两茶），这一系列紧压茶的出现是为了满足长距离运输的需要。

明代初年，安化的黑茶就逐渐出现在了西北茶马互市的交易市场上，1595年被定为官茶后，逐步替代了四川等地的茶，变成西北茶马互市的主要茶品。清嘉庆年间，安化的黑茶已经传播到了俄罗斯的恰克图。为了满足长距离运输的需求，晋商得鱼地笼的灵感，创制出花卷茶（又名千两茶）；1939年，在中国黑茶之父——彭先泽先生的带领下中国第一块黑砖茶诞生；1950年，湖南第一片茯砖茶试制成功，结束了茯砖几百年来安化原料、泾阳压砖的历史；1958年，第一片花砖茶在安化诞生。

黑砖、花砖、茯砖和花卷茶这些边销茶，因为主要供给边疆少数民族地区的居民日常饮用，所以在原料上只能选择相对粗老和量大的原料，客观上影响了大家对安化黑茶的判断。

行车至高家溪和马家溪，空气湿润润的，云雾在蜿蜒的山路以及竹林后面流动。停车在一户人家门口，朴实的山里大哥拿出了家里的野生猕猴桃。山里真好，大山慷慨地给了人们各种山珍，山里的人们也从不吝啬对别人的馈赠。

　　路边的小房子里，一切陈设还保留了旧时的模样，几个阿姨坐在家门口慢慢做着针线活。也不知是谁家的南瓜和葫芦爬了一房顶，我忍不住踮起脚来好奇地看。忘不了山里人的笑，无虚心假意、无刻意奉承，那是发自内心的、带着大山和阳光的味道。

　　茶园静静地躲在大山深处，无名产区的人声鼎沸，更无讨价还价的嘈杂，有的是山间溪涧、树上鸟鸣和偶尔扛着锄头慢悠悠进山的老农，论生态，这里可以与武夷山的桐木自然保护区媲美。

　　在洞市老街慢慢行走，这是明清茶万里茶路上的重要一站，宽敞的石板路、林立的街铺，可以想见当年马帮来往的繁华。路边的小铺子里仍然有草鞋卖，系在一起在门口挂了一串，想来当年的马

安化黑茶千两茶

帮也会停下来买上几双。隔壁铺子里的人，旁若无人地做着手里的活，竹篾在他手里来回几下就变成了装千两茶的外篓。几百年来被人、马踩得锃亮的茶马路的另一头有因茶起家的家族，高大的宗祠在街的尽头立了几百年。

在安化有记载的百年老字号有二百一十四家，其中江南坪一百零九家。江南坪保存下来的历史最悠久茶行是清乾隆年间的"德和"和"宏毅"。那时候的安化，聚集了被称作为"西帮"的晋、陕、甘、宁、蒙的茶商，被称作"南帮"的皖、粤、赣茶商。他们与称作"本帮"的本省茶商一起采购、加工安化的黑茶，然后把安化黑茶运往各地。

晋商当年做茶的老茶行江南坪还在。这些院落是由本地的行主建立，晋商在与当地行主形成合作关系。茶季到来时，晋商们浩浩荡荡回来，当地的茶农家会说"西客"到了。"西客"是安化人对晋商的特有称谓，这个称谓里是安化和晋商的互相成就。

清代留下的"禁茶碑"，明清留下的五百余年繁华，都静悄悄地留在了这方土地上，等渡船过资江的时候，回望这一座山水之城，不免热泪盈眶：多少的兴盛和繁华毁掉了旧时的文明，安化因被误解而免于被过度开发。

泡上一壶安化寻回来的老天尖，厚滑浓醇里有旧时光里的温暖，那是安化中秋节烧宝塔时跳的傩舞，也是白沙溪老厂房屋顶漏下来的光。

茯砖发花车间

老茶厂的毛茶仓库

边销茶

———

　　驼铃叮咚声从城外飘来，这个边塞小城渐渐苏醒。马队经过扬起的尘土，使几个大胡子的异族人忍不住咳嗽了几下。客栈里住下来一个商帮，从老板娘跟商队领头的热络劲儿里就能猜出他们是老朋友。商队的头儿跟老板娘打完招呼就差人去清点货物："粮食、布匹、茶都给我数好咯。"酒肆里有个略显瘦削的男子被哥哥教育着，不要整天只知道念之乎者也，要大口吃肉、大口喝酒，要能征善战、策马奔腾。隔壁桌上两个头戴毡帽、圆脸盘、体格健壮的男人，在盘算这次带来的皮毛和马匹能换多少东西回去，如果可能的话能不能搞到点药材，送给额吉。

　　这是包头、归化城以及张家口的旧时模样，这里是草原文化和中原文化的交汇点，茶马互市的重镇。每天沿着街道、驿道走走，你能知道城北面的草原上发生的事情，也能听到南方传来的消息；能背靠着大青山学几支草原舞蹈，也能对着黄河吟几阕诗词歌赋。

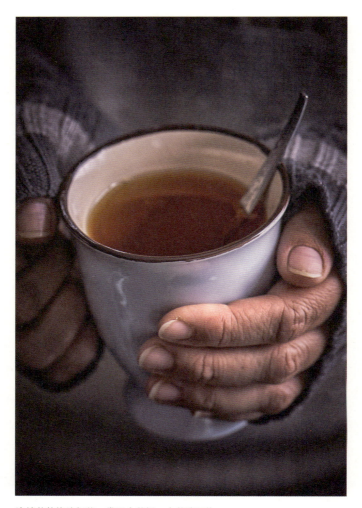

边销茶的饮法粗犷，常用大茶缸、大茶碗品饮。

这里的人都爱交朋友，几碗酒下肚，酒酣兴至之时，他们会给你讲他们的故事，当然还有沿途的见闻，那些常人看起来的困难和艰险，在他们口中都变成了享受和乐趣。若是遇上贩茶的商帮，我定会跟他们一起走走古老的茶马路，把南方的仙草带给边疆地区的人民。

这条茶马路上叮当的都是粗茶：来自湖南安化的黑茶，以及湖北的羊楼洞一带的黑砖茶。晨起的蒙古包里，戴着绿松石戒指的妇人掰了一大块砖茶，放进锅里熬了一大锅咸奶茶；街边的烧卖店里，店家煮好了茶端给客人；偷懒的小伙子直接把茶放进保温瓶里闷着喝。这些茶有个统一的名字：边销茶。

在北京和深圳，我把边销茶搬到了课堂里，小师姐说"一排排粗糙地放着，一进教室的门仿佛进入了建筑工地"：湖南安化的黑砖、花砖、茯砖、千两茶，湖北的老青砖，四川雅安的康砖和牛皮包的藏茶……大家惊讶于这些茶没有任何颜值可言，对付着勉强一包，草草了事。在我们讲究食飨珍馐、色香味形、琴棋书画诗酒茶的时候，有很多人只求衣能蔽体、食能果腹，他们喝茶，是因为没办法不喝——这神奇的、来自南方的树叶可以化食、消积，补充膳食中所缺的维生素。漂亮的外形和包装反倒成了累赘。

明代朱元璋废团兴散后，中原地区的茶品开始以散茶的形式存在，而这些运往边疆地区的茶之所以保留了如此的外形，是为了方便远距离的运输——紧压以后单位体积内可以运输更多的茶。

打开茶的外包装，满眼的残碎和粗老，很多茶一眼望去都是茶梗和黄片。"这什么呀，感觉不像茶，怎么像是没人要的秋天满街打滚的落叶？"90后茗姑娘惊叹道。"这里面有很多是咱们平时做茶时挑拣出来的梗和黄片，更多是粗老到梗的夏秋季原料，"我答。"为什么要做这样的茶啊？""因为足够便宜，边疆地区的人民才能担负得起。"

温杯，投茶入瓯，传闻干茶香。"除了干树叶的味道，闻不到任何香气。"小冉说。"所以这就是为何大部分精制茶会挑黄片和梗，以及为何大部分茶叶的采摘标准都不会过老了。"

润茶、瀹泡。甜甜说："甜、淡，略带枯树叶的杂味。"甜甜是心理咨询师，对于茶的感受，向来精准。"茶叶在逐步成熟老化的过程中，茶中的大部分有效物质茶多酚、咖啡碱等都会衰减，呈味物质以糖类为主。所以粗老原料的茶喝起来甜并且略淡，同时这也是大部分黑茶、黄片以及老寿眉、老茶婆煮起来才会更好喝的原因。"

"老师，这就是粗茶淡饭里的粗茶了吧。""对，茶的传播是从贵族阶级走向平民老百姓的。以前的老百姓能喝得起这粗茶就不错了。但是单就茶的贡献来说，粗茶可比富贵人家锦上添花的龙团凤饼、金骏眉之类的贡献大，它们滋养了千千万老百姓和边疆地区的人民，它们以及茶马古道上的马队、商帮以及城镇，这些都是不能忘却的。"

边销茶大都用粗老的原料制成

安化老街曾经驻扎着很多从事边销茶贸易的商号

那些御贡的茶品每年一做完就小心地包好，用最快的马通过驿站送往京城，负责运送的必定是锦衣良驹，一停一歇间都是繁华。运送这些粗茶的则是靠体力混口饭吃的背夫，以及行走在崇山峻岭间的马匹、骡子和骆驼。前者一路上是俯首称是的唯唯诺诺，后者一路是满脸的阳光、勇敢和无畏。

那些精制的茶，是有钱人家吃饱了没事儿干的消遣和娱乐。烹制之法极为讲究和烦琐：请来懂茶的茶博士或者指如柔荑的侍茶者，烧水用什么器、用哪里的水、用什么样的火烹水、以什么样的方式候汤，一切都要小心地伺候着，焚香沐浴，挂画插花，至于品啜之道又有他法。

这些粗茶，烹制起来粗放随便。多点少点都可，大锅小壶都行，至于先放什么再放什么，什么时候喝什么时候停，清饮还是混着奶茶及草药，都是可以的。这些粗茶像极了这古老茶马道上来往的茶马商人以及边疆地区的汉子，再陡的山可以去，再深的水可以趟，再大苦都可以吃，再难的事儿都可以扛，看似粗糙，却最具生命力，最有生命之光。

黄茶

黄汤、黄叶、叶底黄，所以在闷黄中，就需要及时井随时观察叶片变化，太生不行，太过也不行。

传统的蒙顶黄芽要求三黄：

蒙顶黄芽

————

　　四川名茶，绕不开蒙顶山。蒙顶山茶的历史悠远，蒙顶山天盖寺内"天下大蒙山"石碑记录了吴理真于西汉时期在蒙顶山手植茶树之事，这是有确切记载最早进行人工种茶的地方。唐代蒙顶山茶作为最有名的贡茶之一，更是大放异彩：《元和郡县志》中记载"蒙山在县南十里，今每岁贡茶，为蜀之最"；裴汶《茶述》中记载元和年间"今宇内为土贡者众，而散芽，号为第一"；《膳夫经手录》中记载"元和以前，束帛不能易一斤先春蒙顶"；白居易《琴茶》"茶中故旧是蒙山"；刘禹锡《西山兰若试茶歌》"何况蒙山顾渚春，白泥赤音走风尘"。

　　蒙顶山茶之优异，得之于独特的气候和地理因素。"雅安天漏，中心蒙山"，来自四川盆地的暖湿气流在此处抬升，形成丰富的降水，年雨日平均可达二百天以上，其中夜间降雨量占到70%，再加上蒙山顶上白天多云、多雾的天气，以及良好的森林植

蒙顶黄芽

被，山上的茶咖啡碱、茶多酚含量相对较低，制成成品茶鲜甜度高。蒙顶山茶流传至今日，以蒙顶甘露和蒙顶黄芽最为著名。

三月的蒙顶山，雾蒙蒙里有化不开的水汽，山下的梨花、桃花都已开得绚烂，沿山路驱车上山，山上却有几分春寒料峭，不觉把车里的暖风开大几个档。山下坝坝里的所谓的蒙顶甘露早在二月底就已经上了市，而真正山上的茶，才刚刚开始采摘。

入住在山上的蒙山躬舍。主人柴先生早些年商场打拼，遇上了蒙顶山，便开了这家有情调的民宿。柴先生热情地替我拿行李，知道我是茶道老师，来蒙顶山访茶，话题自然转到了茶上。"现在全手工的蒙顶甘露都很少人做，一则茶商出于成本考虑，二来终端消费者没有鉴别能力，三者手工做茶太辛苦，新一辈的做茶人也不愿吃这份苦。你说的蒙顶黄芽，做的人更少，会做的人更少，不过，来得早不如来得巧，一会儿，咱们雅安茶界的一个老专家过来，你可以请教他。"

1945 年出生的尹大权老师，仍然活跃在做茶制茶的第一线。老师满头的白发，矫健的步伐，一口地道的四川话，声音洪亮。老师是原雅安县雨城区农业局茶技站的站长，曾经获得四川省以及农业农村部的各种嘉奖，退休后本可以安享晚年，跟茶打了一辈子交道的老爷子却放不下茶，免费教一帮年轻人制茶、做茶。"只要肯学我就教，这样，传统的手艺才不会失传"，老爷子包里随手放着个笔记本，上面是这么多年他总结出来的做茶经验。

　　提及蒙顶黄芽，尹老师摇了摇头："情况不容乐观，市场需求少，大家就不想费劲做，即使偶尔外面的人需要，很多人也只是马马虎虎地做，成品跟绿茶几乎差不多，外面的人一喝，'这黄茶跟绿茶也没有什么两样嘛'，就再也不买了，实际风味跟绿茶差别很多的。"

　　黄茶目前是六大茶类中最小众的茶类，至于诞生于什么时候，文献上没有明确的记载。但是根据制作工艺倒推，应该是在做绿茶的过程中，因为工艺不稳定，杀青锅温不够或者没有及时抖散，杀青完没有及时摊晾，阴差阳错中出现的。

　　"想探究蒙顶黄芽的制作工艺哇，找你邓师兄，"尹老师指了指身边的年轻人，"你邓师兄这几年做的黄芽和黄小茶都获了金奖，"尹老师说起来，满脸的骄傲。邓师兄名叫邓显俊，80 后，大学毕业后在外闯荡过，心里放不下家里的老人以及这片山水茶园，又回到了蒙顶山。邓师兄是个新时代的茶人的优秀代表，他做茶从不稀里糊涂，跟师父现场学习，琢磨师父的做茶笔记，查阅相关资料，结合茶叶理化反应然后进行反复实验。从茶叶的采摘以及制作的全部过程，邓师兄都可以通过理论和实践相结合的方式给别人讲明白和讲清楚。

　　"蒙顶黄芽现在市场上有炒黄和传统的闷黄两种，咱们做的还是传统的闷黄工艺。采摘标准上，蒙顶黄芽比甘露更严格，蒙顶甘露可以放宽到一芽一叶初展，蒙顶黄芽需要纯芽头。杀青温度上，

蒙顶山上的茶园

蒙顶山的尹大权老师（右）

蒙顶黄芽的玻璃杯冲泡

蒙顶黄芽比甘露低，同时手法上多闷少透。杀青完毕以后要立即包黄，让茶叶在湿热作用下进一步氧化发酵。"

"传统的蒙顶黄芽要求三黄：黄汤、黄叶、叶底黄，所以在闷黄中，就需要及时并随时观察叶片变化，太生不行，太过也不行。蒙顶甘露很多人依赖机器了，做蒙顶黄芽，需要更多人的参与。"外面蒙顶山夜雨滴答，邓师兄边炒着今年的第一批蒙顶甘露，边跟我说话。"手工做茶是个辛苦活，我喜欢手工茶，手工茶是活的，每天的茶青不一样，手法、锅温、时间都会微调，看起来虽是毫厘之间，但是最终的效果差异都会体现在茶汤里。"

2019年，深圳黄茶课上，大家惊艳于蒙顶黄芽的表现：干净黄亮的汤色，甜醇无杂的滋味，相比绿茶，香气和汤里，没有了青涩，是女儿初熟的韵味。课下跟同学们谈及黄茶的现状，"目前认知、购买黄茶的人很少。"我低头一下，恰好微信里传来邓师兄的黄茶又获奖的消息，这大概是目前对这个执着的年轻人最大的回报和褒奖。

再加工茶

传统做法是一层花一层茶地层层铺起来，利用成品茶的吸附性，让花和茶充分接触，吸收茉莉花鲜灵的香气。

茉莉花茶

　　北京胡同里的张大爷咳了两声，起了床。早就起床了的张大妈，闻着咳嗽声，提着刚烧热的水推门进来，抓一把茉莉花茶到搪瓷缸子里，沸水一浇，满屋飘香；隔壁的李大爷踱着方步出了门，遇到相熟的街坊，聊上几句，嘬上一口手上茶壶里的茉莉花茶，倍儿美；等乘客上车的空儿，电车司机灌了一口家里泡好的茉莉花茶进肚，喝完咂巴着嘴儿：这浓酽，提神；办公室里的老北京人，进门先打好水，茉莉花茶泡上，开始一天的工作。胖嘟嘟的孙子磨着爷爷要驴打滚儿吃，爷爷说："那你先陪爷爷去买二两茉莉花茶。"张一元的柜台前排队的人特别多，售货的阿姨熟练地称重、打成四方小包，留个线头在外面，提着走刚好；晚上孙子又磨着爷爷讲故事，爷爷转过身去说："等我先泡上一壶茉莉花茶。"

　　我们这一代的北京人大都是在茉莉花茶的香气里长大的，我们大了，有了更大的世界，那些陪我们长大的人儿在原地，都老了。

三伏天的花田摘花

摘花——采摘未开放的茉莉花苞

摘花——采摘未开放的茉莉花苞

三伏天的福州非常热，摘花工自制了各种防晒装备

阿林每次回国都找我坐坐，聊起她姥爷，阿林说："身体特别好，每次回来，一定要给我做小时候爱吃的菜窝头，就是念叨着，最近这些年，咋找不到茉莉花茶的老味道了呢？"

这些年跑国内外各大热门茶区，却忘记了老北京人最熟悉的茉莉花茶，它从何来，因何流行，现在又如何？

翻阅各种记载，查阅各种资料，老北京人熟悉的茉莉花茶产自福州。至于为什么在清末一下在京城以及北方流行起来，说法甚多，有人说因为北京的水质不好，碱性重（水苦），茉莉花茶可以品饮起来更愉悦。福建省人民政府新闻办公室编著的《福州茉莉花茶》中，论及福州茉莉花茶在北京的风靡时，指出是慈禧太后引领的风尚。慈禧太后本身就极爱白茉莉，福州茉莉花的贡品中，慈禧太后最爱喝茉莉香薰。她在冬季饮用茉莉花茶时，会用黄釉的"万寿无疆"盖碗。因为慈禧太后的喜爱和推崇，茉莉花茶很快在宫里宫外流行起来。

没有到产区一线寻访之前觉得两种说法都有道理，但是系统了解了茉莉花茶的制作和工艺之后，更加认同慈禧太后引领风尚说——全手工窨制的茉莉花茶在当年绝对是奢侈品，所以其推动也只能是自上而下的。

八月的福州，湿和热拧在了一起，伸一下懒腰都能闪出满身的汗。三伏天的下午两点，这是我们尽可能躲起来不出门的时候，茉莉花田里，摘花的工人长衣长裤全副武装着快速摘花。茉莉花在福州有三季（春花、伏花、秋花），其中以三伏的伏花花质稳定、质量最佳，大量的优质的茉莉花茶就要集中在这个季节制作。之所以这个时候开始摘花，是因为这个时间段以后，成熟的花蕾（花苞）芳香油的积聚已经才达到饱和。花田里，汗珠顺着头发滴下来，摘花的大姐用袖子随便一抹，又开始飞快地摘花——这不是"锄禾日当午，汗滴禾下土"，却是"朵朵园中花，滴滴额上汗"。

傍晚七点，当天摘的成熟茉莉花苞全部运回到厂里，及时摊晾后进入伺花环节。茉莉花晚上开花吐香，花不开不香，虽离开母体，在湿热作用下花苞可以继续开放。花苞 60% 绽放成虎爪状时开始筛花：筛除杂的叶梗以及未达标准的花苞，准备进行窨制。

窨花的第一个步骤是拌和：将在春天就备好的烘青绿茶和伏天最优质的茉莉花充分拌和在一起——传统做法是一层花一层茶地层层铺起来，让花和茶充分接触，利用成品茶的吸附性，吸收茉莉花鲜灵的香气。

第二个步骤是通花：由于茉莉花的代谢、吐香、呼吸作用仍在进行，所以会释放出二氧化碳，挥发出水分。如果堆温过高，茉莉花容易迅速变黄失去生机。所以窨制过程中，窨花的师父要时刻关注茶与花的状况，一般四到五个小时左右，要进行开堆散热，称之为通花，通花后一般可以继续窨制五到六个小时，待花态萎缩、花色转黄、香气淡薄时便可以完成窨制。

窨制完成的茶与花要过筛进行茶花分离，分离后的茶坯立即

茉莉花回厂进入伺花环节

茉莉花手工筛花

茶与花拌合

茶吸收茉莉花开放时的香气

窨花结束后需要茶花分离，上图为筛分出来的花

窨花结束后的分筛出的茶坯

车间的生产记录

烘干或者焙干，自此完成一窨。窨制完成茶坯需静止二至三天，让茶充分稳定后才可以进入下一窨，所以我们接触到的四窨，至少需要十二天，六窨至少需要十八天。如此长且不能又半点马虎的制作周期，再加上大量茉莉花和人力的消耗，茉莉花茶在当年一定不是普通人家日常能消费的茶品——那时候普通老百姓，也只是能买上点儿高末或者半两高碎。

实地走访福州，也找到了为什么很多老北京抱怨现在的茉莉花茶找不到老味道的原因。由于城市的发展，福州已经没有以前大片的茉莉花田。同时因为人力、地价等各种成本的提高，国内大部分茉莉花茶的制作基地已经从福州转移到广西的横县。茶不再是之前的茶，花也不再是之前的花。

虫鸣嘶嘶，陪翁老师窨着茶，在院子里喝茶。"比如四窨的茉莉花茶，在福州的成本是横县的两倍多，很多茶商和茶客图便宜不为福州的茉莉花茶买单，所以这传统的老味道自然越来越少。好在近年传统文化回归，福州政府也开始扶持茉莉花茶的生产与制作，关键还是要喝茶的人懂。"

本源

像茶树一样在这方天地日月里自由地呼吸，
双脚踏在土地上，
你与茶才会有生命的连接。

茶树和茶叶

——回归本源，看见茶

　　我们在城市里聊着茶从神农氏到茶圣陆羽，从《大观茶论》里的宋徽宗到《茶谱》里的朱权。我们端起茶碗谈着和敬清寂，青灯提壶落叹着禅茶一味。我们赞着乌龙茶的馥郁香气，迷着绿茶的清新可人还贪恋着杯中普洱的长久陪伴。是否有一刹那，你端着茶杯遥想这神奇的东方树叶长在树上时的样子？是否有一种冲动，想去探寻一下何种神秘的树木育出这无与伦比的茶？是时候，我们一起回归本源，从茶树和茶叶本身看我们手里的这杯茶。

　　"茶者，南方之嘉木也。"茶树性喜温暖和湿润，从唐代直至今天大都居住于温暖湿润的南方地区。1949 年后，南茶北引，从安徽移植的耐寒品种在山东成功安家落户，山东成为我国产茶最北

灌木型茶树

的地方，但是大部分茶还是出自南方：江南秀美的苏杭，秀甲东南的武夷，天府之国的四川，大山大水的云南，鱼米之乡的两湖、两广地区……

新疆、青海、甘肃、陕北、内蒙古的很多地方"宁可三日无肉，不可一日无茶"。可是这些地区气候寒冷和干燥，不适宜茶树的生长，因此有了多条纵贯南北、西东的茶马古道。行走在这条路上的商帮：遇水搭桥，人背马驮，硬是把这无路之路走成了路。晋商乔致庸当年就行走在从武夷山到内蒙古甚至俄罗斯的茶马路上。

"名山名寺出名茶"，翻开茶的历史你会发现这个规律。阿

云南乔木型古茶树（这棵茶树高 15 米左右）

里山的高山乌龙、武夷山的大红袍、黄山的毛峰、洞庭山的君山银针、峨眉山的竹叶青、蒙顶山的蒙顶甘露、云南古六山的普洱茶，茶叶以及佛、道两家因至高至洁都选择了高山。茶因其精行俭德、清精神、提神醒脑，为佛、道两家推崇。"高山云雾出好茶"，山高有利于茶叶内含物的积累，云雾提供了茶树喜欢的漫反射，有利于芳香物质的形成。

茶树长什么样呢？陆羽在《茶经》中说，"一尺、二尺乃至数十尺。其巴山峡川，有两人合抱者，罚而掇之"。那为什么电视宣传片中的茶树大都长得像冬青？茶树在自然生长、无人为干预的状态下，可以分成三类：高大的乔木型、低矮的灌木型以及中间的小乔木。

乔木茶树目前多见于云南地区，云南十八怪里有个形容采茶的一怪叫"老太太上树快"，这是因为云南的茶树大都十分的高大，需要攀爬才能采摘。最近几年普洱茶火热的"高杆古树"指的就是无人为干预自然状态下长成主干达十几、二十几米高的古茶树。

灌木型茶树是比较普遍的茶树类型。四川、江南、江北、华南地区大都是这样的茶树。龙井、碧螺春、竹叶青、正山小种、肉桂、大红袍、君山银针、太平猴魁、六安瓜片、铁观音等，都属于这一类型。灌木型的茶树因为低矮，所以相对容易采摘。

小乔木型茶树介于灌木和乔木茶树，自然生长的状态下仅在靠近地面的基部有明显的主干。比较著名的品种有武夷山的水仙，以及凤凰单丛里的很多品种。

一般说来，树形越高大，茶树的寿命就越长，所以云南的乔木品种里有古树之说，其他地区的小乔木和灌木只有老丛和老树的分别。

"世界上没有两片完全相同的树叶"，对于茶树来讲，按照茶叶成熟叶片的大小可以分为超大叶种、大叶种、中叶种和小叶种。

计算方法是：长 × 宽 × 0.7（单位：cm^2）。得出的数值加权平均后大于六十的为超大叶种，四十到六十之间的为大叶种，二十到四十之间的为中叶种，小于二十的为小叶种。

理解茶树的叶种信息，可以对成品茶的呈味有更深的理解。比如：叶种越小越鲜甜，叶种越大越浓厚，叶种越小香越高，叶种越大越耐泡。

所以同为绿茶；中小叶种的碧螺春就比大叶种的太平猴魁鲜甜；同为乌龙，中叶种的肉桂就比大叶种的水仙香高；同为红茶，大叶种滇红就相对更耐泡。

倚邦猫耳朵开面嫩梢（小叶种）

云南大叶种开面嫩梢

云南乔木型古茶树采茶

回归土地
看见茶

摩托车尾甩起的浮土，带着西部的侠客风；啁啁的鸟鸣，混在风里从耳旁穿过；光影从树的缝隙里穿过，斑驳地在脸上跳动；沿着两尺小路，贴在大山上，在原始森林里蜿蜒；坑坑洼洼颠簸出一路心花怒放，涉水泥泞激起半程尖叫；两条山里长大的狗儿，撒了欢地跟在摩托车后奔跑……以易武为代表的古六山，进山采茶变成了刺激的越野。

老罗带着我们穿丈量曼松贡茶的核心产区，从背阴山绕到王子坟，从王子山又到边缘的勐保，我们不断地从摩托车上下来查看土壤、植被和海拔。所谓的核心产区从来不是一个简单的地名，曼松贡茶核心产区的秘密藏在那一抔赤红的岩石风化的土中，应着陆羽说了一千年的"上者生烂石"。

走在武夷岩茶的核心产区：从慧苑坑走到马头岩，从九龙窠走到牛栏坑，从流香涧走到悟源涧，丹霞地貌的赤红色岩石高高地立

在云南，入最深的茶山，做当地人

着，岩壁上长年不断的水流嘀嗒，苔藓见缝插针地疯长着。太阳不
是躲在了云雾里，就是挡在了岩壁后来，春茶季如此，快过年的冬
季亦如是。坐在母树大红袍对面的茶寮里吃着茶叶蛋，看着这碧水
丹山，在备忘录里写下：武夷岩茶正岩产区的奥妙除了土壤，还有
这特殊地质地貌营造出的小气候。

　　台湾地区，从新竹走到阿里山，从清境农场走到杉林溪，从梨
山走到大禹岭，种在不同区域的同一个品种，因树龄、采摘管理方
式的不同，叶片大小、柔韧度会有不同。于是才明白，那些书本上

和听来的一刀切的论断都经不起实践的验证。

易武高山寨，带着团队的老师进山，从后山走到老寨旧址，从古茶园走到小红坡……菌子、野香蕉、蜥蜴、叫不上名的参天大树与茶树共生，秋天的茶树上挂满了茶花和茶果……佳桐老师用心地观察着身边的茶树，"快来看快来看，这里竟然有一棵叶片这么小的古茶树，原来每一棵茶树都不一样……"有性繁殖的古茶园里，有着自然繁衍的变化，单凭叶底的大小和整齐程度情况来判断拼配、产区、树龄等信息，只有脚从未沾过茶区土的人才这么武断。

薄荷塘古茶园里，躺在一类 19 号古茶树底下看四嫂麻利地爬到 18 号树上。四嫂边采茶边跟树上的瑶族妹妹聊天，从树上传下来的爽朗笑声像极了云南这明媚的天。这棵单株我们从 2011 年做到今年，初是为了对比研究，后面成了自己的特殊纪念。遇到爱茶、懂茶的人拿出来分享一泡，很多传说中的资深茶人都会被"放倒"——18 号古茶树是个特殊的"细叶"（叶片比较细长，且较周围的古茶树小），所以在呈味上会有显著的不同。回归土地才能知道在单株面前，一切概括出的产区标准和特征都会失效。

从易武到古六山，从南糯山到滑竹梁子，从老班章到冰岛，从昔归到千家寨，每年的春秋茶季，一定要回到山里。早晨背着背篓跟着阿婆一起上山采茶，傍晚跟采茶工一起聊着天回家。初制所里，摊晾、杀青、揉捻、晒干，全程跟着做一遍，然后你会发现，不同地方的采摘标准不一样——茶树的持嫩性不同，有些会采到两

乌崇高山区云雾里的采茶人

叶有些采到三叶。采摘手法上,书本上的对广大江南和内地茶区的总结,在云南古树茶的采摘上失了准。摊晾从来不会教条地一定要有多长时间,茶青状况不一样,摊晾时间就不同。杀青的方式和时间,不同区域有世代延续下来的地区性做法,有些多抖少闷,有些闷炒时间要长。揉捻的程度以及晒干的细节也会有区域性的差异。

五月初的安溪感德镇上,各家各户都在轰隆隆地做茶。守在揉

与传说中少女才采茶不同，现在茶区里采茶的主力都是中老年人

桐木采茶

捻机前看做茶师傅一遍遍地搬运茶包，才知道铁观音的独特外形不是一蹴而就的，绝对是国内茶类中揉捻最费工的茶类，从此对铁观音又多了一份敬重。

安徽祁门，祁红茶厂倒闭以后，董叔叔就出来自己建厂做祁红了。董叔叔找来祁红老茶厂的老师傅给我讲解传统祁红的做茶法。在磨筛、抖筛中，我知道国际有名的祁门香，秘诀不仅仅在原料上，需得加上精制的每一个环节，才能成就这世界独一无二的、馥郁迷人的花蜜高香。

云南茶山的孩子们

　　苏州东山，李伯伯家的孩子们都在城里做着大生意，李伯伯做碧螺春不是为了卖钱，纯属老兄弟姊妹间的休闲娱乐。早晨起来说说笑笑地去采茶，采一小篓就回家，采不完的那些就由他们自由长大。回到家里，李伯伯挽起衣袖亲自炒上一锅，这茶里没有急功近利，有一种淡然如烟波浩渺的太湖水。

　　去云南参加茶农的葬礼，没有吹吹打打的仪式，家里的儿子把父亲葬在了茶园里。这里的人，会走路的时候就跟着大人去采茶，跟茶打了一辈子交道的父亲，上学、娶妻、生子都来自茶的给予，去世了还是跟茶在一起。

　　双脚踏在土地上，像茶树一样在这方天地日月里自由地呼吸，你与茶才会有生命的连接。双脚踏在土地上，感受茶叶从脱离母体开始的制作和变化，你会赞叹这片东方树叶的神奇和祖先们的智慧。双脚踏在土地上，与土地上的人融合在一起，"茶禅一味"和"和敬清寂"这些城里人的茶语，才能落地生根。